오은영의 모두가 행복해지는 놀이

어떻게
놀아줘야
할까

2

오은영의 모두가 행복해지는 놀이

어떻게 놀아줘야 할까

만 5~6세
60 ~ 83
개월 편
2

글 | 오은영
오은라이프사이언스 연구진

그림 | 전진희

OEUN
LIFE SCIENCE

아이는요, 정말로 잘 놀아야 잘 자랍니다

아이들은 틈만 나면 놀아 달라고 말해요. 하루 종일 놀고도 또 놀아 달라고 합니다. 도대체 왜 이렇게 강렬하게 놀고 싶어 하는 것일까요? 물론 누구나 공부나 일보다 노는 것이 좋아요. 그런데 아이들은 그런 의미에서만이 아닙니다. '놀이'에는 유아기 성장 발달에 중요한 모든 것이 담겨 있어요. 그것이 아이의 DNA에 새겨져 있기 때문입니다.

유아기에는 정말 놀이가 모든 것을 담고 있어요. 저는 어떤 조기 교육보다 부모가 잘 놀아 주는 것이 가장 좋다고 생각합니다. 놀이를 하면 일단 즐겁고 행복합니다. 아이와 놀아 주는 것은 아이에게 즐겁고 행복한 기억을 남겨 주는 거예요. 또 아이가 성장 발달하기 위해서는 반드시 외부의 정보와 자극을 입력시켜야 합니다. 놀이가 그 역할을 해요. 아이는 놀이 중 등장한 재료를 직접 만지고 사용해 보면서 물질들의 성질을 배워 나갑니다.

무엇보다 놀이에는 여러 가지 상호 작용이 등장해요. 놀이를 할 때는 다양한 감각을 느끼고 신체를 많이 움직이게 됩니다. '신체적 상호 작용'이 일어나는 것이지요. 그리고 놀이를 할 때는 자꾸 조잘거리게 돼요. 이렇게 '언어적 상호 작용'도 하게 됩니다. 또한 놀이를 하면서 '우와, 신난다!', '너무 재밌어!', '즐거워!' 등의 감정도 느끼게 돼요. '정서적 상호 작용'이 일어나는 것이지요. 부모는 아이에게 놀이 방법이나 규칙 등 많은 것을 설명해 주게 돼요. 이것으로 '인지적 상호 작용'도 일어납니다. 그러면서 아이는 부모와 관계를 맺어 가고, 친구와도 또 관계를 맺어 가요. 사람 사이의 관계를 배워 가는 것이지요. 그래서 잘 놀면 신체, 인지, 관계, 언어, 정서가 고루 균형 있게 발달해 나가는 것입니다.

사실 부모가 진심으로 즐겁게, 많은 시간을 아이와 놀아 줄 수 있다면 그것만으로 충분합니다. 하지만 우리 부모님들, 현실적으로는 좀 어렵지요? 아이와 노는 것이 그렇게 쉬운 일이 아니에요. 시간이 없기도 하고, 무엇을 하고 놀아야 할지, 어떻게 놀아 줘야 할지 고민하는 부모님들이 많습니다. 육아만으로도 힘든데 놀이 역시 참 만만하지 않아요. 게다가 놀이가 아이의 성장 발달에 중요하다고까지 하면 아마 더 부담되실 거예요. 무거운 어깨를 더 무겁게 하나 않을까 걱정입니다. 너무 비장하게 생각하지 마세요. 우리에게 먹는 것은 정말 중요합니다. 하지만 한 가지 음식만 많이 먹는 것보다 골고루 먹는 것이 건강에 좋아요. 놀이도 마찬가지입니다. 이왕이면 고른 발달을 돕는 방향으로 해 주는 것이 아이에게 더 좋아요.

이 책에는 이미 검증된, 아이들이 깔깔대며 즐거워하는 놀이가 100가지 담겨 있어요. '지금까지 너무 편식하듯 놀아 준 것이 아닐까?' 하며 걱정하는 부모님들을 위해 신체, 인지, 관계, 언어, 정서로 발달 영역을 나눠서 그 영역에 조금 더 도움이 되는 놀이들을 소개해 놓았습니다. 모든 영역의 놀이를 골고루 즐기세요. 우리 아이에게 필요한 영역의 놀이를 더 자주 즐기셔도 좋습니다.

부모님들, 아이의 놀아 달라는 말 앞에서 당당해지세요. 이 책이 '무엇을 하고 놀아야 하지?', '어떻게 놀아 줘야 할까?'라는 고민의 해결책이 될 것입니다. 더불어 우리 아이의 고른 발달을 돕는 놀이 비책이 될 거예요. 부모나 아이나 잘 노는 것이 중요합니다. 놀다 보면 부모는 아이에 대해 더 잘 이해하게 되고, 아이는 부모와의 애착이 더 좋아져요. 놀다 보면 아이의 즐거워하는 모습에 부모 또한 얼마나 행복해지는지 모릅니다. 신나게 놀면서 아이와 더욱더 행복해지세요. 대한민국 부모님들, 파이팅입니다!

오 은 영 드림

'우리 아이 발달 놀이' 왜 필요할까요?

아이의 발달은 신체, 인지, 관계, 언어, 정서 영역이 서로 영향을 주고받으며 이루어집니다. 처음에는 그저 건강하게만 자라기를 바라다가 점차 아이에 대한 기대나 바람이 생기게 되지요. '공부를 잘했으면 좋겠다.', '자신감이 넘치고 할 말은 했으면 좋겠다.', '친구들과 잘 지냈으면 좋겠다.'처럼 보호자가 선호하는 부분에 집중적으로 더 많은 자극을 줄 수 있어요. 보호자의 선호도로, 보호자가 인식하지 못해서 아이

의 잠재된 능력을 발견하지 못할 수도 있습니다. 따라서 아이가 다양한 영역을 골고루 경험할 수 있도록 도와주어야 합니다.

✳ 신체 발달 놀이

'신체 발달 놀이'는 보고, 듣고, 맛보고, 만져 보고, 움직이는 것을 통해 내 몸과 주위 환경을 탐색하고, 의도한 대로 몸을 사용해 보는 놀이입니다. 이 영역이 잘 발달되면 더 높이, 더 멀리, 더 꼼꼼하게 새로운 도전을 즐기는 아이로 자랄 수 있어요.

60~71개월 아이들은 한쪽 발을 들고 10번 이상 콩콩 뛸 수 있어요. 최대한 선 밖으로 나가지 않게 색칠할 수도 있지요. 72~83개월 아이들은 한 발로 점프하면서 앞으로 갈 수 있고, 가위로 동그라미, 세모, 네모 모양을 자를 수 있어요.

신체 발달 놀이를 하면 다음과 같은 효과를 볼 수 있어요.

자세 조절: 바른 자세를 취하고 유지할 수 있는 능력이에요. 팔과 다리를 원활하게 움직일 수 있도록 지지하는 기초를 제공하기 때문에 중요하지요.

신체 양측 협응: 몸의 좌우, 팔과 다리를 조화롭게 움직이는 기술이에요. 움직임을 보다 정확하고 효율적으로 할 수 있도록 해 주지요.

공간 지각: 공간 안에서 사물과 사물 또는 나와 사물 사이의 상대적 거리와 나의 위치를 아는 것을

의미해요.

운동 계획: 활동하기 위해 움직임의 단계를 기억하고 수행할 수 있게 해 주는 기술이에요.

도구 조작: 손과 팔을 정교하게 움직이는 기술이에요. 도구를 잘 쓰게 해 주어 일상의 과제와 학습을 위해 사용되지요.

눈-손 협응: 눈으로 보는 것과 손의 움직임이 함께 작용해 속도와 정확성이 필요한 활동을 할 수 있도록 하는 능력이에요.

감각 발달: 다양한 경험을 통해 감각의 의미를 알고, 이것을 활동에 참여하기 위해 활용하는 것을 의미해요.

구강 운동: 음식을 삼키거나 말하기 위해 입술, 혀, 뺨, 턱, 입천장을 움직이는 것을 말해요.

자조: 먹고, 씻고, 잠자기 등 규칙적으로 참여해서 올바른 습관을 만드는 활동이에요.

✳ 인지 발달 놀이

'인지 발달 놀이'는 여러 지식을 기억하고 적절히 사용하기 위해 머릿속에서 일어나는 모든 과정에 도움을 주는 놀이입니다. 이 영역이 잘 발달되면 새로운 지식이 차곡차곡 쌓이고, 깨닫는 과정을 즐기는 아이로 자랄 수 있어요.

60~71개월 아이들은 말해 주는 숫자나 낱말을 3~4개 정도 기억할 수 있어요. 또 1,000원 지폐보다 10,000원 지폐의 가치가 더 높다는 것을 이해할 수 있지요. 72~83개월 아이들은 0부터 100까지 수 개념을 이해하고, 수의 크기를 비교할 수 있어요. 길이, 넓이, 무게, 모양 등을 비교하고 기준에 따라 분류할 수도 있답니다.

인지 발달 놀이를 하면 다음과 같은 효과를 볼 수 있어요.

시지각: 눈으로 본 것을 자신의 경험을 바탕으로 의미 있게 해석하는 능력이에요.

위치 지각: 어떠한 대상이 자신을 중심으로, 나아가 상대방을 기준으로 했을 때 어느 방향으로 얼

마만큼의 거리에 있는지 판단하는 능력이에요.

기억력: 과거의 경험을 머릿속에 새겨 두었다가 필요할 때 그 정보를 다시 떠올리는 능력이에요.

주의력: 내가 좋아하는 일이 아닐지라도 한 가지 일에 집중해 몰두하는 힘이에요.

이해력: 정보를 알려 준 대로 기억하는 데 머물지 않고, 그것을 스스로 해석하는 능력이에요.

수학적 사고: 수나 도형, 비교와 분류 같은 수학적 개념이나 원리를 스스로 찾아내는 능력이에요. 논리적 사고의 기초가 되지요.

문제 해결력: 일상생활의 중요한 문제들을 효과적으로 해결하는 능력이에요.

✳ 관계 발달 놀이

'관계 발달 놀이'는 주위 사람들과 사이좋게 지내는 것에 관심을 가지고, 자신이 속한 집단의 약속, 규칙, 예절 등을 이해하며 사람들을 대하는 태도를 경험하는 놀이입니다. 이 영역이 잘 발달되면 주변 상황과 조화를 이루고, 주위 사람들과 협조적으로 지내는 아이로 자랄 수 있어요.

60~71개월 아이들은 교사의 지시를 잘 따르고, 기관의 규칙을 지킬 수 있어요. 또래와 의견을 조율해 가며 놀이하는 경우가 많아지기도 하지요. 72~83개월 아이들은 주위 사람들과 어울려 조화롭게 지내는 경우가 많아져요. 특별히 좋아하거나 잘 맞는 친구와의 놀이를 선호하기도 한답니다.

관계 발달 놀이를 하면 다음과 같은 효과를 볼 수 있어요.

애착: 양육자 및 특정 대상과 관계를 맺으며 신뢰감을 형성하는 과정을 뜻해요.

조망 수용: 나와 상대방의 생각, 감정을 구분하고, 상대방의 관점에서 이해할 수 있는 과정이에요.

친밀감: 상대방과 공동의 관심을 가지고, 즐거움을 느끼며 가깝게 지내는 감정을 의미해요.

친사회적 행동: 상대방을 돕고 배려하며 협력적인 모습을 보이는 긍정적인 행동을 말해요.

갈등 해결: 상대방과의 다툼, 불편감에 적절하게 대처하며 해결해 가는 과정을 뜻해요.

사회적 규범 이해: 여러 사람이 함께 지켜야 하는 약속을 알아가는 과정을 의미해요.

지시 따르기: 나를 책임지고 있는 성인의 지시 및 사회적으로 지켜야 하는 규칙에 순응하며 따르는 과정을 말해요.

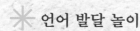 언어 발달 놀이

'언어 발달 놀이'는 다른 사람의 말을 주의 깊게 듣고 즐겁게 이야기를 나누는 것을 경험하고, 한글에 대한 흥미를 높이는 놀이입니다. 이 영역이 잘 발달되면 한글에 관심을 보이고, 상황과 의도에 맞게 말하는 것을 즐기는 아이로 자랄 수 있어요.

60~71개월 아이들은 영화나 책을 보고 일이 일어난 순서대로 간단하게 이야기할 수 있어요. '왜, 어떻게'라는 질문에 대답할 수도 있답니다. 72~83개월 아이들은 어떤 일의 원인과 결과를 파악하고, 자신이 경험한 일을 조리 있게 설명할 수 있어요. 대부분의 한글을 정확히 알고 읽을 수도 있지요.

언어 발달 놀이를 하면 다음과 같은 효과를 볼 수 있어요.

어휘: 얼마나 많은 단어를 알고 표현하는지를 뜻해요.

듣기: 상대방의 말을 주의 깊게 듣고 이해하는 능력이에요.

말하기: 언어를 사용할 때 필요한 규칙을 알고, 자신의 생각을 조리 있게 말하는 능력이에요.

발음: 구강 기관을 통해 말소리를 정확하게 내는 능력이에요.

한글: 글자의 소리를 알고 조합하며 읽고 이해하는 능력을 말해요.

읽기: 글을 읽고 이해하는 능력을 뜻해요.

쓰기: 자신의 생각이나 느낌을 글로 표현하는 것을 말해요.

상황 언어: 전체적인 상황과 상대방의 의도를 이해하고 말하는 것을 뜻해요.

✳ 정서 발달 놀이

　'정서 발달 놀이'는 나와 다른 사람의 마음에 관심을 가지고 그에 맞는 행동을 선택하면서 나를 소중하게 생각하며 성장하는 과정을 경험하는 놀이입니다. 이 영역이 잘 발달되면 나와 상대방의 마음의 소리를 잘 표현하고, 나를 소중히 여기며 자랄 수 있어요.

　60~71개월 아이들은 다른 사람의 기분을 파악할 수 있고, 같은 상황에 대해 각자가 느끼는 감정이 다름을 이해할 수 있어요. 자신의 마음을 알고, 자신이 원하는 것을 말로 표현할 수도 있지요. 72~83개월 아이들은 자신의 감정을 상황에 맞춰 적절히 표현하는 시도가 많아져요. 물건 정리하기, 준비물 챙기기 등을 스스로 해 보면서 주도성과 성취감을 느낄 수도 있지요.

　정서 발달 놀이를 하면 다음과 같은 효과를 볼 수 있어요.

감정 어휘: 마음속에서 일어나는 느낌, 기분에 대한 말과 뜻을 이해하는 것을 의미해요.

자기 감정 인식: 내가 느끼고 있는 마음이 무엇인지 알아차리는 과정을 뜻해요.

타인 감정 인식: 상대방의 말과 표정, 행동을 통해 어떠한 마음을 느끼고 있는지 알아차리는 과정을 뜻해요.

공감: 상대방의 행동과 감정을 이해해 비슷한 감정을 경험하는 마음을 의미해요.

감정 조절: 내가 느끼는 감정을 적절히 표현할 수 있는 과정을 말해요.

자아 존중: 나를 이해하고, 스스로에 대해 긍정적으로 생각하는 감정과 태도를 의미해요.

주도성: 스스로 하고 싶은 일을 선택하고 실천하며, 이에 대해 책임감을 가지는 의지와 행동을 말해요.

성취감: 실패나 좌절을 딛고 꾸준히 시도하며, 스스로의 유능을 느끼는 감정을 의미해요.

🌼 이렇게 놀이해 주세요

아이의 균형 잡힌 발달을 위해 발달 연령에 맞는 놀이를 영역별로 돌아가면서 함께 해 보세요. 놀이를 통해 즐거움을 경험하고, 아이와 보호자 사이에 긍정적인 관계가 형성될 거예요.

아이마다 좋고 싫은 것, 잘하고 어려워하는 것이 다릅니다. 만약 우리 아이가 놀이를 너무 쉽게 하거나 반대로 너무 어려워한다면 TIP을 활용해 보세요. 아이 수준에 맞춰 더 즐거운 시간을 보낼 수 있을 거예요.

보호자 입장에서는 놀이를 할 때 아이와 어떻게 놀아야 할지 어떤 말을 해 주어야 할지 어려울 수 있습니다. 처음부터 잘하는 사람이 어디 있겠어요? 그럴 때에는 놀이 방법에 있는 문장을 그대로 읽어 주어도 괜찮습니다. 보호자 가이드도 한번 읽어 보세요. 아이가 매일매일 변화하고 성장하는 것처럼 보호자도 매일매일 변화하고 성장합니다. 상황에 따라 아이의 성향과 관심사는 달라질 수 있어요. 내일의 아이는 어떤 모습일지 기대하며 우리 함께 잘 키워 나가요.

3장 만**6**세
72~77개월

친구들과의 시간이 즐겁고, 몸과 마음이 한 뼘 더 자라요

4장 만**6**세
78~83개월

건강한 생활 습관을 기르고, 기초 학습을 준비해요

*마트에 가요(1), 발음 놀이(1)과 (2), 맞으면 O, 틀리면 X(1)은 『어떻게 놀아 줘야 할까 1』(만 3~4세(36~59개월) 편) 에 수록되어 있습니다.

1장

만 5세(60~65개월)

움직임을 적절하게 조절하고, 집중력이 쑥쑥 자라요

미끌미끌 물컹물컹

놀이 효과

신체 | 눈-손 협응, 감각 발달
인지 | 주의력
관계 | 지시 따르기
언어 | 듣기
정서 | 성취감

놀이 소개

우리가 눈으로 보지 않고도 단추를 잠글 수 있고, 주머니에 손을 넣어 필요한 물건을 찾을 수 있는 것은 촉각을 통해 사물에 대한 정보를 얻는 '촉각 지각' 덕분입니다. 촉각 지각은 사물을 직접 만지고 다루면서 발달해요. 아이는 모래 놀이, 클레이 놀이, 로션 놀이, '미끌미끌 물컹물컹'과 같은 촉각 놀이를 통해 물건의 다양한 질감과 소재를 경험하고 이를 변별할 수 있습니다. 그러면서 손을 좀 더 잘 사용할 수 있게 되지요.

준비물

수정토, 큰 용기, 수정토와 크기나 모양이 비슷한 장난감, 라텍스 장갑 또는 풍선, 큰 대야, 테이크아웃용 잔, 수경 식물

놀이 목표

손으로 재료를 만져 그 특성을 파악할 수 있어요. 다른 재질의 사물을 손으로만 만져서 찾아낼 수 있어요.

:) 놀이 방법

1 수정토를 하루 전에 미리 물에 담가 놓습니다.

2 아이에게 놀이 재료에 관해 설명해 줍니다. 물에 불리기 전의 수정토를 보여 주고, 수정토가 커지는 과정을 알려 줍니다. 물에 불린 수정토를 아이에게 보여 주고 만져 보게 합니다.

> **주의 사항** 아이가 물기 때문에 미끄러지지 않도록 바닥에 수건 등을 깔아 줍니다. 수정토를 입에 넣지 않도록 주의합니다.

3 수정토 중 마음에 드는 색상을 고르게 하고, 같은 색상의 수정토를 찾아 모읍니다.

4 수정토를 담은 용기에 수정토와 비슷한 크기나 모양의 장난감을 넣고 골고루 섞어 줍니다.

5 아이가 용기에 손을 넣어 숨겨진 물건들을 찾아보게 합니다.

:) TIP

- 수정토를 라텍스 장갑이나 풍선에 넣어 말랑이를 만들어 봅니다.
- 수정토를 미니 풀장이나 욕조, 큰 대야에 넣어 밟거나 손으로 깨뜨려 봅니다.
- 남은 수정토를 테이크아웃용 잔에 담고 수경 식물을 심어 봅니다.

> **보호자 가이드** 촉각이 예민한 아이는 만지는 것을 무서워하거나 싫어할 수 있습니다. 이럴 경우에는 보호자가 시범을 보이면서 아이 손을 잡고 천천히 시도해 보세요. 그래도 아이가 싫어한다면, 보호자가 즐겁게 노는 모습을 좀 더 보여 주면서 자연스럽게 활동을 마무리해 주세요.

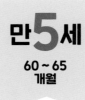 **만5세** 60~65 개월

 **풍선 주스** 신체 놀이

놀이 효과

신체	신체 양측 협응, 감각 발달
인지	시지각
관계	친밀감
언어	어휘
정서	주도성

놀이 소개

아이들은 성장하면서 손을 사용하는 세부 능력이 발달해요. '풍선 주스'는 풍선 안에 든 액체를 꾹 짜는 활동을 통해 아이의 쥐는 힘을 발달시키는 놀이입니다. 아이는 풍선 안에 든 액체를 끝까지 짜려면 얼마나 힘을 주어야 할지, 어느 쪽을 더 꾹 눌러야 할지 궁리하게 돼요. 이를 통해 힘의 세기와 방향을 조절하는 법을 연습할 수 있답니다.

준비물

다양한 색의 풍선, 물, 물감, 종이컵, 티스푼, 옷핀, 쟁반, 종이, 사인펜, 장난감 화폐 또는 못 쓰는 신용 카드, 과일

놀이 목표

액체가 든 풍선을 손으로 짜서 액체를 컵에 옮겨 담을 수 있어요.

☺ 놀이 방법

1 물감 색과 풍선 색을 매치할 수 있게 다양한 색의 풍선을 준비합니다. 풍선 하나에 미리 물감 섞은 물을 넣고 구멍을 뚫어 둡니다.

2 아이와 가장 좋아하는 주스 맛에 관해 이야기를 나누고, 주스 가게 놀이를 하자고 제안합니다. 주스 가게에서 풍선을 꾹꾹 눌러 주스를 만들 것이라고 말해 주고, 미리 만들어 놓은 샘플로 시범을 보여 줍니다.

> **주의 사항** 풍선을 누르는 과정에서 물이 사방으로 튈 수 있으므로 물이 닿으면 안 되는 물건들은 미리 치워 둡니다.

3 아이가 만들고 싶어 하는 주스를 선택하고 물감 색을 고르게 합니다. 예를 들어 레몬 맛 주스를 만들고 싶어 하면 노란색 물감을 고르게 합니다. 소량의 물감과 물을 종이컵에 넣고 티스푼으로 잘 섞어 줍니다. 이런 방법으로 여러 개의 주스를 만듭니다. 주스를 풍선에 넣고 묶어 줍니다.

4 풍선의 아래쪽에 옷핀으로 구멍을 1~2개 뚫어서 쟁반 위에 올려 둡니다. 보호자가 손님이 되어 주스를 주문합니다. 그러면 아이는 주문받은 주스에 해당하는 풍선을 손으로 꽉 눌러 컵에 주스를 담습니다. 아이가 주스를 채운 컵을 보호자에게 주면, 보호자는 감사 인사를 합니다.

☺ TIP

- 아이가 쥐는 힘이 약해서 주스를 잘 짜지 못하면, 굵은 옷핀으로 구멍을 넓히거나 구멍 개수를 늘려서 주스가 잘 나오게 해 줍니다.
- 메뉴판을 만들어서 주스 가게에 붙여 봅니다. 장난감 화폐나 못 쓰는 신용 카드로 주문과 결제까지 할 수 있게 해 재미를 더해 봅니다.
- 딸기나 수박 등 실제 과일을 손으로 짜서 주스를 만들어 봅니다.

보호자 가이드 손에 무언가가 묻으면 바로 닦기를 원하는 아이들이 있습니다. 까다롭다고 생각하기 쉽지만, 이런 경우는 촉각 민감도가 높아서 촉각 경험이 불편한 것일 수 있어요. 물에서 다양한 물체를 가지고 노는 것은 촉각 민감도가 높은 아이를 돕는 훌륭한 방법 중 하나입니다. 또 욕실이나 싱크대처럼 바로 씻을 수 있는 공간도 좋아요. 다양한 질감을 경험하기에는 물이 있는 곳이 안전하답니다.

풍선 야구

신체 놀이

놀이 효과

신체	신체 양측 협응, 운동 계획	
인지	시지각	
관계	지시 따르기	
언어	듣기	
정서		성취감

놀이 소개

'전정 감각'은 우리 몸에서 마치 나침반과 속도계와 같은 역할을 합니다. 우리는 전정 감각을 통해 내가 움직이는지 혹은 멈췄는지, 움직인다면 어느 방향으로 얼마나 빨리 움직이고 있는지 알수 있지요. 또한 자세를 유지하고 균형을 잡는 데 중요한 전정 감각은 다양한 움직임을 통해 발달해요. '풍선 야구'를 통해 아이의 전정 감각을 발달시키면, 일정한 공간에서 움직일 때 자신과 물체사이의 거리를 인식할 수 있습니다. 이는 부딪치지 않고 피할 수 있는 공간 지각 능력 향상에도 영향을 미치지요.

준비물

종이(전단지, 신문지, 이면지 등), 테이프, 풍선

놀이 목표

역할과 규칙에 맞게 야구 놀이에 참여할 수 있어요.

:) 놀이 방법

1 아이에게 놀이 규칙에 관해 설명합니다.
"오늘 할 놀이는 야구야. 야구는 한 사람이 던진 공을 다른 사람이 방망이로 뻥 하고 멀리 치는 놀이야."

2 놀이에 필요한 도구들을 만듭니다. 방망이는 종이를 길게 돌돌 만 후 테이프로 감아 만듭니다. 방망이를 좀 더 단단하게 하려면, 종이를 두껍게 말거나 테이프를 더 감아 줍니다.

3 풍선을 분 다음 묶어 줍니다. 아이가 풍선에 바람을 넣거나 매듭을 짓도록 할 수도 있습니다.

4 역할을 정합니다. 타자에게 방망이를 주고 타자의 자세를 취하게 한 후 풍선을 던져 줍니다.

주의 사항 방망이를 휘두르다가 부딪칠 수 있는 물건들은 미리 치워 놓습니다.

5 방망이로 풍선을 치지 못하고 3번을 떨어뜨리면, 투수와 타자의 역할을 바꿉니다.

:) TIP

• 방망이로 얼마나 오랫동안 풍선을 칠 수 있는지 대결해 봅니다. 방망이를 대신할 것들을 찾아보고, 각자 찾은 도구로 풍선을 쳐 봅니다. 어떤 것이 가장 잘 되는지 이야기를 나누어 봅니다.

• 바닥에 누워서 발로 풍선을 차 높이 띄우고, 풍선이 내려오면 다시 발로 차서 띄웁니다. 풍선을 떨어뜨리지 않고 몇 번이나 할 수 있는지 수를 세어 봅니다.

보호자 가이드 발달 연령상 게임 규칙을 이해하고 지킬 수 있는 시기예요. 특히 활동성이 강한 아이는 활동 반경이 넓어지기 때문에 아이와 함께 간단한 규칙 2가지 정도를 정하고 시작하는 것이 좋습니다. 또 규칙적인 것을 좋아하는 아이는 풍선을 치고 던지는 과정에서 심리적 이완을 느낄 수 있어 도움이 된답니다.

쓱싹쓱싹 모자이크

신체 놀이

놀이 효과

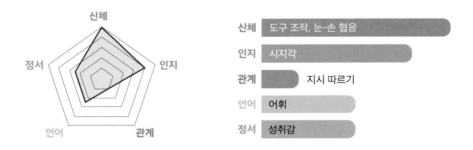

신체	도구 조작, 눈-손 협응
인지	시지각
관계	지시 따르기
언어	어휘
정서	성취감

놀이 소개

종이컵을 잡을 때와 머그잔을 잡을 때, 또는 두부를 잡을 때와 양파를 잡을 때를 떠올려 보세요. 사물을 쥐는 손의 모양과 힘의 강도는 사물의 재질에 따라 달라집니다. 이 시기의 아이들은 손으로 물건들을 만져 보고 다루어 보면서 물건들의 재질과 특성을 이해해 나가요. 아이는 '쓱싹쓱싹 모자이크'를 통해 재질에 따라 어떻게 다루어야 하는지 경험해 볼 수 있을 거예요.

준비물

플레이콘, 플라스틱 케이크 칼, 스케치북 또는 두꺼운 종이, 펜, 물티슈

놀이 목표

계속해서 양손을 함께 조절해 사용할 수 있어요.

☺ 놀이 방법

1 아이에게 플레이콘을 자르거나 붙이는 방법에 관해 설명합니다. 보호자가 시범으로 직접 보여
줍니다.

2 플레이콘을 자르는 것과 붙이는 것을 연습합니다.

3 스케치북이나 두꺼운 종이에 모자이크 밑그림을 그립니다. 미리 그려 놓은 그림 중에서 고르거나,
아이가 원하는 것을 그려 주거나, 아이가 직접 그리게 합니다.

4 플라스틱 케이크 칼로 플레이콘을 잘라 그림 위에 붙여
공간을 채워 줍니다.

☺ TIP

• 아이가 힘 조절이 어려운 경우, 플레이콘이 잘리지 않고 찌그러
질 수도 있으므로 한 번 더 방법을 설명해 줍니다. 그래도 어려워
한다면 보호자가 플레이콘을 잘라 주고 아이가 붙이게 하거나,
손으로 플레이콘을 찌그러뜨려서 붙이게 합니다.

• 아이가 놀이에 익숙해지면, 복잡한 밑그림을 채울 수 있도록 지
도합니다. 플레이콘을 칼로 자르거나 손으로 모양을 성형해 그
림을 채우게 합니다. 밑그림 선 위에만 붙이는 방법도 있습니다.

• 플레이콘을 미지근한 물에 녹여 주스 만들기 놀이를 할 수 있습
니다. 또 플레이콘을 물티슈로 적셔 종이에 도장처럼 찍어서 모
양이나 그림 만들기를 해도 좋습니다.

보호자 가이드 아이가 플레이콘을 자르거
나 성형해서 그림을 채우는 것이 조금 미숙
할 수 있습니다. 이럴 경우에는 아이가 스
스로 할 수 있도록 기다려 주세요. 만일 놀
이 중간에 그만두겠다고 할 정도로 어려워
하면, 보호자가 시범을 보이거나 요령을 알
려 주세요.

만 5세
60~65 개월

시원한 부채 바람

신체 놀이

놀이 효과

신체	운동 계획, 도구 조작
인지	수학적 사고
관계	친밀감
언어	발음
정서	성취감

놀이 소개

우리 몸에는 내 몸이 어떻게 움직이고 있는지, 얼마나 힘을 주고 있는지 알아차리게 해 주는 '고유 감각'이 있습니다. 고유 감각은 몸을 다양하게 움직일 때 더 발달할 수 있어요. 아이는 '시원한 부채 바람'을 통해 힘을 조절해 보고 방향도 확인해 보면서 자신의 몸이 어떻게 움직이고 있는지, 얼마나 힘을 주고 있는지 알고 조절하는 능력을 배울 수 있답니다.

준비물

포스트잇, 부채, 부채를 만들 재료(두꺼운 종이, 가위, 사인펜, 아이스크림 막대 또는 나무젓가락, 테이프)

놀이 목표

손목으로 부채를 움직여 바람을 일으킬 수 있어요.

☺ 놀이 방법

1 아이와 함께 팔에 포스트잇을 붙입니다. 팔에 붙은 포스트잇을 입으로 불어서 떨어뜨려 봅니다. 그런 다음 서로의 팔에 붙은 포스트잇을 부채로 바람을 일으켜 떨어뜨려 봅니다.

주의 사항 바람을 일으킬 때 부채가 아이 몸에 부딪치지 않도록 유의합니다.

2 타이머로 10초를 설정하고, 아이 몸에 포스트잇을 붙입니다. 보호자가 부채로 10초 알람이 울릴 때까지 아이 몸에 붙은 포스트잇을 떼어 냅니다. 떨어진 포스트잇은 따로 모아 둡니다.

3 이번에는 보호자 몸에 포스트잇을 붙이고, 아이가 부채로 포스트잇을 떼어 내게 합니다. 아이에게는 시간을 조금 더 줍니다.

4 떨어진 포스트잇을 바닥이나 벽에 붙인 후 개수를 셉니다. 누가 더 많이 떨어뜨렸는지 비교해 봅니다.

☺ TIP

• 포스트잇의 접착력이나 옷의 재질에 따라 난이도가 달라지므로 이를 고려해 재료와 옷을 준비합니다. 서로 다른 색 포스트잇을 준비해 각자 원하는 색을 몸에 붙여도 좋습니다.

• 부채를 직접 만들어 봅니다. 마분지와 같은 두꺼운 종이를 적당한 크기로 자르고 사인펜으로 꾸며 줍니다. 아이스크림 막대나 나무젓가락을 붙여 손잡이를 만듭니다.

• 음악을 틀고 열정적으로 춤을 춰서 누가 포스트잇을 더 많이 떨어뜨리는지 대결해 봅니다. 또는 코끝에 포스트잇을 붙이고 입으로 바람을 불어 누가 먼저 떼어 내는지 대결해도 좋습니다.

보호자 가이드 대결에서 지면 씩씩거리며 화내는 아이가 있습니다. 아이가 승부를 받아들이는 것을 힘들어하면 팀 경기를 통해 아이의 심리적 부담감을 줄여 주고, 결과보다 과정에 대한 피드백을 더 많이 해 주세요. 그러면 승패를 편안하게 받아들이는 아이로 성장하게 된답니다.

만5세 주사위를 던져라!

60~65 개월

인지 놀이

놀이 효과

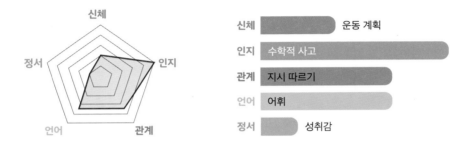

신체	운동 계획
인지	수학적 사고
관계	지시 따르기
언어	어휘
정서	성취감

놀이 소개

'주사위를 던져라!'는 주사위를 굴려서 나오는 수만큼 블록을 가져가는 간단한 숫자 놀이예요. 주사위의 숫자를 읽으면서 큰 수와 작은 수를 이해하고, 수의 양만큼 블록을 세면서 수의 양과 세기를 동시에 익힐 수 있습니다. 아이는 놀이를 하는 동안 목표 개수를 채우려면 몇 개가 더 필요한지, 어떤 숫자가 나오는 것이 자신에게 유리할지 생각하게 돼요. 이런 과정을 통해 목표를 계획하는 '실행 기능 능력'도 발달하게 된답니다.

준비물

여러 개의 블록(또는 폼폼이, 볼풀공), 주사위

놀이 목표

정해진 수만큼 블록을 모을 수 있어요.

☺ 놀이 방법

1 여러 개의 블록, 또는 품품이나 볼풀공을 준비합니다. 블록을 보고 색의 이름을 말해 봅니다.
아이에게 게임 방법에 관해 설명합니다.

2 가위바위보로 순서를 정하고, 번갈아 주사위를 던집니다.

3 주사위를 던져 나온 숫자를 읽어 봅니다. 그 수만큼 블록을 가지고 옵니다.

4 준비한 블록이 없어질 때까지 게임을 진행해 누가 더 많이 모았는지 알아봅니다. 준비한 블록 수가
충분히 많다면, 목표 개수를 20개나 30개 정도로 정해서 그 개수만큼 빨리 모으는 게임을 진행해도
좋습니다.

☺ TIP

• 나만의 주사위(예: 숫자 1, 2, 3, 4, 5, 모양 ☆)를 만들어 규칙을 변형해 봅니다. 별 모양이 나오면 한 번 더 주사위를 던져 나온 수만큼 상대방의 블록을 가져옵니다.

보호자 가이드 상자로 나만의 주사위를 만들 수도 있고, 점이 찍힌 일반 주사위를 사용해도 좋아요. 블록을 많이 모으는 사람이 이기는 놀이지만, 반대로 각자 블록을 나눈 상태에서 주사위에 나온 수만큼 덜어 내는 방식으로 바꿔 놀 수도 있습니다. 승부를 너무 강조할 필요는 없어요. 이기고 지는 것보다 아이가 수의 양을 비교하는 것에 더 집중하도록 도와주세요.

월화수목금토일

인지 놀이

놀이 효과

신체	눈-손 협응
인지	주의력, 수학적 사고
관계	지시 따르기
언어	어휘
정서	성취감

놀이 소개

날짜는 볼 수도, 만질 수도 없기 때문에 아이가 이해하기 어려울 수 있습니다. 하지만 아이가 직접 겪었던 일들을 순서대로 하나하나 기억하다 보면, 날짜를 더 쉽게 이해하게 돼요. '월화수목금토일'을 통해 일주일에 대해 알아보고 오늘은 무슨 요일인지, 서로 어떤 하루를 보냈는지 이야기를 나눌 수 있습니다. 그러면 아이는 사건을 순서대로 기억하는 사고력이 향상되고, 날짜와 요일을 자연스럽게 깨우칠 수 있답니다.

준비물

달력, 하드보드지나 종이를 코팅해 벨크로 테이프를 붙여 만든 요일 판, 뒷면에 벨크로 테이프를 붙인 요일 카드(월, 화, 수, 목, 금, 토, 일)

놀이 목표

요일을 순서대로 말할 수 있어요.

☺ 놀이 방법

1 아이와 함께 달력을 보며 일주일에 관해 이야기를 나눕니다.
"하루가 지나면 다음 요일이야. 하루가 7번 모이면 7일이 돼. 7일은 일주일이야."

2 요일 판을 보며 요일을 순서대로 말하고, 아이가 따라 하게 합니다. 요일 판에 일요일을 제외한
요일을 붙이고, 아이가 빠진 요일을 찾아 붙이게 합니다. 잘하면 아이가 채워야 할 요일을 늘려
봅니다.

3 요일과 관련된 노래를 찾아 들어 봅니다. 노래 중에 월, 화, 수, 목, 금, 토, 일이 나올 때마다
손뼉을 치거나 뛰며 즐겁게 따라 불러 봅니다.

4 오늘 요일을 말해 보고, 오늘을 기준으로 어제와 내일은
어떤 요일인지 맞혀 봅니다.

만5세 마트에 가요(2)

60~65 개월

인지 놀이

놀이 효과

신체	눈-손 협응
인지	주의력, 수학적 사고
관계	지시 따르기
언어	어휘
정서	성취감

놀이 소개

만 4세 인지 놀이인 '마트에 가요(1)'(『어떻게 놀아 줘야 할까 1』 참조)에 이어 두 번째 마트 놀이예요. '마트에 가요(1)'은 범주화 개념을 익히는 분류 놀이이고, '마트에 가요(2)'는 들려주는 물건을 기억해 쇼핑 카트에 담아 보면서 청각적 주의 집중력을 향상시킬 수 있는 놀이입니다. 이 놀이는 일시적으로 필요한 정보를 가지고 있다가 수행하는 작업 기억도 향상시킬 수 있어요. 또한 보호자가 말하는 물건의 이름과 용도를 듣고 많은 물건 중 지시한 물건을 찾으면서 어휘력과 관찰력도 기를 수 있답니다.

준비물

마트에서 파는 물건 사진이나 그림(마트 전단지) 또는 실제 물건, 카트 그림(또는 장난감 카트, 바퀴 달린 바구니)

놀이 목표

들은 내용을 기억할 수 있어요.

😊 놀이 방법

1 아이와 마트에 갔던 경험에 관해 이야기합니다. 아이에게 마트에서 파는 물건 사진이나 그림, 또는
여러 물건을 보여 줍니다.

2 보호자가 살 물건 3개를 말합니다.(예: 콜라, 우유, 과자) 아이는 어떤 물건을 사야 하는지 말해 봅니다.

3 아이가 들은 것을 기억해 카트 그림 위에
물건을 올려놓습니다. 집에 장난감
카트나 바퀴 달린 바구니 등이 있다면
활용해도 좋습니다.

4 무엇을 샀는지 문장으로 말해
봅니다.
"마트에서 콜라, 우유,
과자를 샀어요."

😊 TIP

- 아이가 사야 할 물건을 정하고, 보호자가 담기도 해 봅니다. 보호
자가 일부러 엉뚱하게 담아 아이가 자신이 말한 물건을 기억하
는지 확인합니다.

- 물건 개수는 3개부터 시작해 아이가 기억할 수 있는 최대치까지
늘려 봅니다. 이때 '마트에 가요(1)'처럼 상위 범주로 묶어 기억하
는 전략을 알려 줍니다. 예를 들어 '주스, 콜라, 딸기, 사과, 곰 인
형, 장난감 자동차'를 '주스, 콜라-음료', '딸기, 사과-과일', '곰 인
형, 장난감 자동차-장난감' 식으로 묶어 기억하면 더 많이 기억할
수 있습니다.

> **보호자 가이드** 창을 닫고 TV를 끄는 등 소
> 음을 차단하고, 가능한 한 아이가 집중할
> 수 있는 환경을 조성해 주세요. 아이에게
> 중요한 정보를 제공하기 전에 주의를 집중
> 하도록 "준비됐나요?" 같은 신호를 사용하
> 면 좋습니다. 또 주의 집중을 위해 아이에
> 게 가까이 다가가 눈을 맞춰 주세요.

만 5세 종이컵 손목시계 만들기

60~65개월

인지 놀이

놀이 효과

신체	도구 조작
인지	시지각, 수학적 사고
관계	지시 따르기
언어	어휘
정서	성취감

놀이 소개

'종이컵 손목시계 만들기'는 조금씩 시간을 배워 가는 아이들에게 유용한 놀이예요. 내 손으로 직접 시계를 만들려면, 집 안에 있는 시계를 자세히 관찰하게 됩니다. 그러면서 시계 안에는 숫자가 있고, 숫자 사이에는 눈금이 있고, 길이가 다른 두 개의 바늘이 서로 다른 속도로 움직인다는 것도 알게 되지요. 아이는 자연스럽게 시간에 관심을 가지면서 시간과 순서 개념을 형성하게 돼요. 만들기 활동을 통해서는 눈과 손의 협응과 시지각 능력이 발달하게 된답니다.

준비물

색종이, 가위, 풀 또는 테이프, 사인펜, 종이컵, 스티커, 벨크로 테이프, 할핀

놀이 목표

시간과 시계에 관심을 가질 수 있어요.

☺ 놀이 방법

1 일과를 돌아보며, 시간에 따라 밤낮이 바뀌고 해야 할 일이 달라지는 것에 관해 이야기해 봅니다. "'째깍째깍'은 어디서 나는 소리일까?"처럼 수수께끼를 내 봅니다.

2 아이에게 시계를 만들 것이라고 설명합니다. 아이의 수준을 고려해 아래 방법 중 하나를 선택한 후 손목시계를 만들어 봅니다.

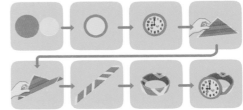

방법 ①

오른쪽 그림처럼 색종이 2장을 각각 다른 크기로 동그랗게 자릅니다. 작은 동그라미 안에 시계를 그린 후 큰 동그라미 안에 붙입니다. 양면 색종이를 여분을 두고 세모 모양으로 접습니다. 뒤집어서 차근차근 굴리면서 접어 올립니다. 풀이나 테이프를 붙여 마무리합니다. 팔찌 가운데에 시계를 붙여 완성합니다.

> 😮 **주의 사항** 가위나 할핀을 사용할 때는 안전에 주의합니다.

방법 ②

종이컵을 바닥 부분과 시곗줄이 될 부분만 남기고 자릅니다. 사인펜으로 바닥 부분에 숫자와 바늘을 그립니다. 테두리에 스티커를 붙여 꾸며 줍니다. 손목에 맞게 벨크로 테이프를 붙입니다.

방법 ③

종이컵을 바닥 0.5~1cm 높이만 남기고 8등분해 자릅니다. 종이컵을 펼쳐서 양쪽 날개 2개만 남기고 윗부분까지 자릅니다. 시곗줄에 사인펜으로 그림을 그리거나 스티커를 붙여 꾸밉니다. 시곗바늘을 할핀으로 고정하고, 손목에 맞게 양쪽에 벨크로 테이프를 붙입니다.

☺ TIP

- 일과를 되살려 식사 시간, 유치원 가는 시간 등 특정 시간을 말하고, 시간에 맞춰 손목시계를 조작하거나 바늘을 그려 봅니다.
- 아이가 색종이를 접거나 종이컵을 자르거나 할핀으로 고정하는 과정을 어려워할 수 있습니다. 시간에 관심을 가지게 하는 활동이므로 조작 능력보다는 즐겁게 시계를 만들어 보는 데 초점을 맞춥니다.

보호자 가이드 아이는 이 놀이를 통해 자기만의 시계를 만들어 자연스럽게 시계 보는 방법을 배울 수 있습니다. 아이의 손목에 맞는지 확인한 후 재료를 준비해 주세요.

어디에 있을까?

인지 놀이

놀이 효과

신체	공간 지각	
인지	시지각, 위치 지각	
관계		지시 따르기
언어	어휘	
정서		성취감

놀이 소개

아이들은 꽤 자라서까지 방향을 나타내는 오른쪽, 왼쪽을 종종 헷갈려 합니다. 이런 공간에 대한 감각은 주로 시각을 통해서 익히게 돼요. '어디에 있을까?'는 눈을 통해서 정보를 판단하고 해석하는 시지각 능력을 발달시킬 수 있는 놀이입니다. 이 놀이는 오른쪽, 왼쪽 같은 공간 위치나 공간 관계를 감각으로 파악하는 공간 지각 능력 발달에도 도움을 준답니다.

준비물
게임 판, 벨크로 테이프, 동물 카드 9장, 종이, 필기구

놀이 목표
지시하는 공간 위치를 지각할 수 있어요.

☺ 놀이 방법

1 동물 카드를 붙일 수 있는 크기로 3×3 게임 판을 만듭니다. 게임 판의 각 네모 안에 벨크로 테이프를 붙입니다. 아이가 동물 이름을 쓸 수 있으면 동물 카드 9장만 준비하고, 이름을 쓰기 어려워하면 동물 카드 9장을 동일하게 2세트 준비합니다.

2 방향과 위치에 대한 어휘(예: 오른쪽, 왼쪽, 위, 아래, 가깝다, 멀다)를 알아봅니다.
"오른손을 들어 보자.", "이번에는 왼손을 들어 볼까?", "꽃병은 어디 있을까? 식탁 위에 있네.",
"물티슈는 가까이에 있어.", "TV는 멀리 있네."

3 게임 판에 동물 카드를 전부 붙이고 술래와 질문자를 정합니다. 술래는 게임 판 속 동물 중 하나를 정해 종이에 적습니다. 적는 것이 어려우면, 따로 준비한 동물 카드 세트에서 하나를 선택합니다.

4 질문자는 술래에게 동물이 ○○의 위, 아래, 오른쪽, 왼쪽, 가까이, 멀리 있는지 묻습니다. 그러면서 술래가 선택한 동물을 찾으면 동물 이름을 말합니다. 술래는 처음에 고른 동물과 일치하는지 확인합니다.

☺ **TIP**

• 주의력 유지가 중요한 놀이입니다. 칸을 세며 위, 아래, 옆 등 위치를 표현하고 놀아 봅니다.

보호자 가이드 아이들은 위치를 가리킬 때 여기, 저기, 거기 등의 지시 대명사를 사용하곤 합니다. 위치를 정확히 이해하려면, 위치와 관련된 용어를 사용하는 것이 중요해요. 일상에서도 안과 밖, 오른쪽과 왼쪽, 위와 아래 같은 위치 관련 용어로 표현할 수 있게 도와주세요.

만5세 쉿! 비밀이야

60~65개월

관계 놀이

놀이 효과

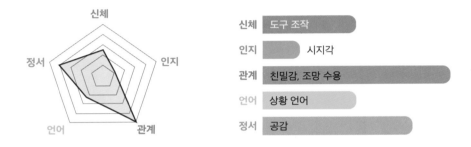

신체	도구 조작
인지	시지각
관계	친밀감, 조망 수용
언어	상황 언어
정서	공감

놀이 소개

아이들에게 '비밀'은 숨기고 싶은 이야기, 말하고 싶지 않은 이야기, 어떻게 표현해야 할지 모르는 이야기도 포함됩니다. '쉿! 비밀이야'는 아이가 선뜻 표현하기 어려웠던 이야기를 보호자와 자연스럽게 나누고 공감을 받으며 유대감과 친밀감을 경험할 수 있는 놀이예요. 아이는 이 놀이를 통해 이야기를 하면서 어려움을 해결해 갈 수 있다는 관계적 경험을 연습할 수 있답니다.

준비물

양초, 종이, 팔레트, 물감, 물통, 붓, 봉투, 필기구

놀이 목표

타인과의 관계에서 친밀감을 경험하고 표현해 볼 수 있어요.

☺ 놀이 방법

1 보호자와 아이가 서로 하고 싶었지만 못했던 말이나, 공유하고 싶은 비밀이 있는지 이야기를 나누어 봅니다.

2 서로에게 표현하고 싶었지만 하지 못했던 마음을 양초로 종이에 그리거나 글씨로 작성해 봅니다.

3 서로에게 양초로 쓴 종이를 전하고, 한 사람씩 물감을 칠해 어떤 내용인지 확인합니다. 그 내용을 비밀로 하고 싶었던 이유에 관해 이야기해 봅니다.

4 봉투 겉에 '우리만의 소중한 이야기'라고 적습니다. 물감을 칠한 종이를 말린 후 봉투에 넣어 보관합니다.

☺ TIP

• 아이가 솔직하게 자신의 이야기를 하는 것에 즐거움을 느끼거나 이 놀이를 충분히 즐겼다면, 봉투 속에 넣어 둔 소중한 이야기를 한 달에 한 번씩 열어 각자의 생각을 나누는 방법으로 확장할 수 있습니다.

보호자 가이드 아이가 말하지 못했던 이야기 뒤에는 다양한 이유가 있을 거예요. 그 이야기가 아이에게 어떤 의미였을지, 왜 말하지 못했을지 아이의 마음을 생각해 볼 기회입니다. 왜 그동안 말하지 않았는지 다그치거나 질문하기보다 "이렇게 ○○이 마음을 알게 되어서 ○○이를 이해할 수 있으니 좋구나."처럼 마음을 이해하는 상호작용을 해 주세요.

만5세 우리 가족 셰이프 게임

60 ~ 65 개월

관계 놀이

:) 놀이 효과

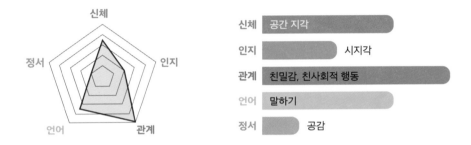

신체	공간 지각
인지	시지각
관계	친밀감, 친사회적 행동
언어	말하기
정서	공감

:) 놀이 소개

만 5세 아이들은 다른 사람과 놀 때 놀이 방법을 제안하고 차례를 기다릴 수 있어요. 또 놀이 중에 드는 생각과 느낌을 표현할 수도 있지요. '우리 가족 셰이프 게임'은 아이와 보호자가 그림을 이어 그리며 자신의 생각을 표현하고, 차례를 기다리기도 하며, 서로의 표현을 관찰하는 놀이예요. 아이는 이 놀이를 통해 새로운 방법을 제안해 보는 관계적 연습 경험을 할 수 있답니다.

:) 준비물

도화지, 색연필

:) 놀이 목표

상대방의 생각을 존중하며 자신의 생각을 표현할 수 있어요.

☺ 놀이 방법

1 도화지에 동그라미나 세모, 네모 등을 그립니다.

2 아이와 보호자가 순서를 정해 차례대로 10초 동안 동그라미, 세모, 네모 모양을 그림으로 확장해 표현합니다.

3 서로 번갈아 가며 그림을 이어 그립니다. 각자 자신이 표현하고자 했던 것이 무엇인지 말해 봅니다.

4 각자 표현한 것에 색칠하고, 어떤 작품이 될지 제목을 정해 봅니다. 내 그림을 상대방이 이어서 표현할 때 드는 생각과 느낌에 관해 이야기합니다.

보호자 가이드 관계에 민감하거나 정확한 틀이 중요한 아이는 쉽게 시도하지 못하고 보호자의 그림을 따라 하거나 의사를 물어볼 수 있습니다. 이럴 경우에는 아이가 먼저 시작하게 기회를 주세요. 또 보호자가 너무 잘 그리면 아이가 다음을 이어 가기 어려우므로 낙서처럼 그려 아이를 편안하게 해 주세요. 무엇보다 '그림 잘 그리기'가 아니라는 점을 강조하고 아이의 시도를 격려해 주면, 아이도 적극적으로 표현할 기회를 얻을 수 있답니다.

너를 맞혀 볼게

관계 놀이

놀이 효과

신체	감각 발달
인지	주의력
관계	조망 수용, 친사회적 행동
언어	듣기
정서	타인 감정 인식

놀이 소개

이 시기의 아이들은 나와 타인의 차이에 대한 이해가 높아집니다. 나아가 나와 다른, 타인의 감정도 구분할 수 있지요. '너를 맞혀 볼게'는 타인의 특징을 잘 관찰하고, 이를 표현할 기회를 주는 놀이랍니다.

준비물

없음

놀이 목표

타인의 특징을 관찰하고 표현할 수 있어요.

☺ 놀이 방법

1 아이에게 가족, 친구, 선생님 등 주변의 다른 사람들에 대한 퀴즈를 풀어 보자고 말합니다.

2 먼저 보호자가 한 사람의 특징을 말하면, 아이가 누구인지 맞힙니다.
"이 사람은 회사에 다니고 있습니다. 또 이 사람은 안경을 썼습니다. 우리 가족 중에 있습니다."

3 반대로 아이가 한 사람의 특징을 말하면, 보호자가 누구인지 맞힙니다.

4 보호자와 아이가 번갈아 가며 다른 사람들에 대한
퀴즈를 내고 맞혀 봅니다.

☺ TIP

• 친구들에게 관심이 많아지는 시기이므로 친구들 사진을 함께 보면서 "이 친구는 머리띠를 했습니다."처럼 특징을 찾아 이야기를 나누어 봅니다. 보호자는 이 놀이를 통해 아이 또래에 관심을 가질 수 있고, 아이도 또래의 모습에 관심을 기울일 기회가 생깁니다.

• 3인 이상 모였을 때는 <우리 집에 왜 왔니> 노래를 부르며 게임할 수 있습니다. 특정 사람의 특징을 이야기하며 "빨간 옷 입은 사람 앉아. 검정 옷 입은 사람 일어서."처럼 '앉아, 일어서' 놀이로 확장할 수도 있습니다.

보호자 가이드 타인에게 관심을 가지는 것은 사회적 관계 발달에 중요해요. 타인의 특징을 관찰하는 과정을 통해 타인의 생각과 감정까지 이해하는 기초를 만들게 되지요. 타인의 표정, 행동, 외모 등에도 관심을 가지고 표현해 볼 기회를 주세요.

에어 캡 안마

관계 놀이

놀이 효과

신체	감각 발달
인지	이해력
관계	애착, 친밀감
언어	상황 언어
정서	공감

놀이 소개

아이가 자라는 과정에서 스스로 할 수 있는 일이 많아지면, 보호자가 피부를 맞대고 놀거나 도울 기회는 줄어듭니다. 엄마 배 속에서 40주 동안 이루어진 양수를 매개로 한 부드러운 피부 자극이, 아이가 태어난 뒤에는 안아 주고 만져 주는 보호자의 손길로 유지되다가 아이의 성장과 더불어 그마저도 줄어드는 것이지요. '에어 캡 안마'를 통해 아이와 의도적으로 스킨십하면서 친밀한 관계를 형성하는 계기를 마련할 수 있어요. 신체적 접촉을 다소 불편해하는 아이도 에어 캡의 부드럽고 간지러운 촉감 덕에 즐겁고 편안하게 놀 수 있답니다.

준비물

에어 캡, 고무줄

놀이 목표

자연스러운 스킨십을 통해 친밀감을 높일 수 있어요.

☺ 놀이 방법

1 아이와 보호자가 에어 캡을 한 장씩 들고 만져 봅니다. 발로 밟아도 보고, 손가락으로 눌러 터뜨리며 즐거움을 느껴 봅니다.

2 아이를 바닥에 엎드리게 합니다. 보호자가 아이 등에 에어 캡을 펼친 후 살살 안마해서 에어 캡을 터뜨립니다. 에어 캡을 종아리로 옮겨 안마해 줍니다.

3 역할을 바꿔 아이가 보호자의 등, 어깨, 팔, 다리에 에어 캡을 얹은 후 안마해 봅니다.

4 서로 안마해 줄 때 기분이 어땠는지 이야기를 나누어 봅니다.

보호자 가이드 평소에 에너지가 넘치는 아이는 일상에서 제한되는 상황이 많습니다. 이런 아이에게는 에어 캡을 마음껏 두들겨 보는 시간이 에너지 발산의 기회가 됩니다. 처음에는 에어 캡을 바닥에 깔거나 쿠션을 감싸서 안고 두들겨 볼 기회를 준 다음, 안마하는 놀이를 진행해 주세요.

만5세 우리 가족 건강 지킴이

60~65 개월

관계 놀이

놀이 효과

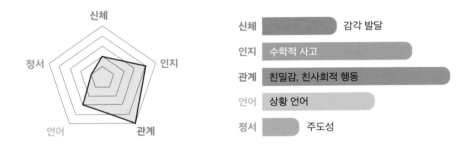

신체	감각 발달
인지	수학적 사고
관계	친밀감, 친사회적 행동
언어	상황 언어
정서	주도성

놀이 소개

이 시기의 아이들은 나와 상대방의 차이를 이해하고, 상대방에게 필요한 도움을 생각하며 적절하게 반응할 수 있습니다. 아이는 '우리 가족 건강 지킴이'를 통해 가족 구성원의 신체적 특징을 관찰하고 이해하면서 서로에게 도움이 되는 방법을 생각해 볼 수 있어요. 아이 자신과 가족 구성원에게 관심을 가지고, 서로에게 필요한 것들을 표현해 보는 놀이랍니다.

준비물

건강 검진 기록지, 종이, 필기구, 줄자, 체중계, 병원 놀이 장난감

놀이 목표

나의 특성과 타인의 특성이 다르다는 것을 이해할 수 있어요.

:) 놀이 방법

1 아이나 가족이 이전에 받았던 건강 검진 기록지가 있다면 준비합니다.

2 아이와 함께 건강 검진 기록지를 살펴봅니다. 건강 검진의 기억을 되살려 이야기를 나누어 봅니다. 보호자도 건강 검진을 받았던 경험에 관해 들려줍니다.

3 가족의 건강을 서로 점검해 보기로 합니다. 아이와 함께 아래 예시를 참고해 '우리 가족 건강 검진 기록지'와 '우리 가족 시력 검사표'를 만들어 봅니다. 줄자, 체중계, 병원 놀이 장난감 등을 준비합니다.

'우리 가족 건강 검진 기록지'와 '우리 가족 시력 검사표' 예시

우리 가족 건강 검진 기록지

	이름:	이름:	이름:
키	cm	cm	cm
몸무게	kg	kg	kg
머리둘레	cm	cm	cm
시력	잘 보여요 잘 안 보여요	잘 보여요 잘 안 보여요	잘 보여요 잘 안 보여요
충치	개	개	개
건강을 위해 필요한 음식			
건강을 위해 필요한 운동			

우리 가족 시력 검사표

4 보호자와 아이가 의료진과 검진자로 역할을 나누어 병원 놀이를 합니다. 각자의 신체적 특징을 관찰하고 기록합니다.

5 가족 구성원 각자에게 필요한 음식과 운동을 처방해 줍니다.

:) TIP

- 만 6세 정서 놀이인 '네 마음에 필요한 비타민'과 연계할 수 있습니다.
- 활동 이후 "아빠는 체중이 많이 나가요! 체중을 줄이기 위해 식사 30분 후 달리기를 해요!", "엄마는 눈 건강을 위해 휴대폰 보는 시간을 줄여요!", "○○이는 쑥쑥 자라기 위해 매일 줄넘기를 해요!"처럼 각자의 건강을 위한 약속을 정합니다. 이 내용을 써서 거실에 붙여 놓고, 함께 실천하도록 합니다.

보호자 가이드 아이는 이 놀이를 통해 가족 구성원 간의 신체적 차이와 무관하게 서로 돌보는 경험을 할 수 있어요. 이것은 또래 관계에도 적용할 수 있어요. 보호자가 가족에게 필요한 운동과 음식을 정하는 것보다는 아이의 생각에 귀 기울이는 것이 좋습니다. 그러면 아이만의 창의적인 생각과 보호자에 대한 마음을 느낄 수 있을 거예요.

만5세 한글 보물찾기

60~65 개월

언어 놀이

놀이 효과

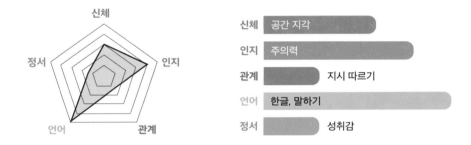

신체	공간 지각
인지	주의력
관계	지시 따르기
언어	한글, 말하기
정서	성취감

놀이 소개

이 시기의 아이들은 통글자를 음절[1]로도 나누어 이해하며, 자음과 모음을 인식하기 시작해요. 또 소리를 듣고 비슷한 철자를 써 보는 등 쓰기 능력이 발달하지요. '한글 보물찾기'는 글자를 인식하고 써 보면서 즐겁게 한글을 익힐 수 있는 놀이랍니다.

준비물

종이, 연필(또는 색연필, 크레파스 등)

놀이 목표

음절과 자음, 모음을 인식하며 글자를 알아볼 수 있어요.

---

1 음절: 자음과 모음이 결합해 뭉치로 이루어진 소리의 덩어리 (예: 가, 방, 바, 지)

😊 놀이 방법

1 종이에 아이와 가족의 이름을 씁니다. 종이 한 장에 한 글자만 적습니다. 이때 최대한 받침이 없는 글자로, 최대 3글자 단어로 구성합니다. 5~10개 정도 단어를 준비합니다.

2 보호자가 집 안 곳곳에 아이 이름을 한 글자씩 쓴 종이를 숨깁니다.

3 아이는 보물을 찾습니다. 단, 아이가 찾기 전에 이름이라는 힌트를 주지 않습니다.

> **주의 사항** 아이가 보물을 찾기 전에 주위에 위험한 물건이 없는지 확인합니다.

4 아이가 찾아온 종이를 조합해 글자를 만듭니다.

5 보호자는 어떤 글자가 완성되는지 살피고, 아이와 함께 읽어 봅니다. 빠진 글자가 있다면 다시 찾게 합니다.

6 역할을 바꿔 아이가 집에 있는 사물 이름을 적어 숨깁니다. 보호자는 보물을 찾고, 아이가 쓴 글자를 읽습니다.

😊 TIP

- 보물찾기 활동 후 아이 이름과 가족 이름 따라 쓰기를 해 봅니다. 처음부터 완벽하지 않아도 되며, 발달 자극이라 생각하고 꾸준히 할 수 있도록 격려합니다.
- 아이가 연필로 쓰기 힘들어하면, 색연필이나 크레파스 등 즐거움을 느낄 수 있는 것으로 시도해 봅니다. 만일 아이가 쓰지 못하면, 보호자가 먼저 쓰고 아이가 따라 쓸 수 있게 하거나 함께 써 봅니다.
- 한글을 뗀 아이에게는 놀이가 시시할 수 있습니다. 이런 경우에는 5개 이상의 이름을 숨기는 등 난이도를 조절합니다. 받침이 없는 사물 이름에서 받침이 있는 사물 이름으로 확장해도 좋습니다.

> **보호자 가이드** 한글을 완전히 익힌 시기가 아니므로 아이에게 학습적으로 요구하는 말과 행동은 자제해 주세요. "이게 뭐였더라? 읽어 봐."라고 말하기보다는 "○○이 이름에서 본 것 같은데?"처럼 보호자도 함께 생각하고 있다는 느낌을 담으면, 아이도 경험을 떠올려 스스로 읽어 보려고 할 것입니다.

내 그림을 소개해요

언어 놀이

놀이 효과

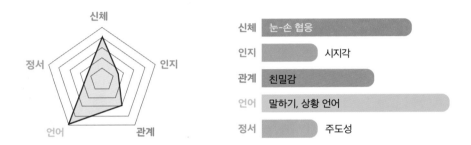

신체	눈-손 협응
인지	시지각
관계	친밀감
언어	말하기, 상황 언어
정서	주도성

놀이 소개

이 시기의 아이들은 멈춤 표지판을 보면 '정지'라는 단어를 떠올릴 수 있는 것처럼 단순한 시각적 상징물을 보고 간단한 단어를 떠올릴 수 있어요. 또 다른 사람에게 게임이나 활동 규칙을 설명하고, 다양한 문법 형태로 문장을 표현할 수도 있지요. 아이는 '내 그림을 소개해요'를 통해 다른 사람에게 자신의 그림을 설명함으로써 '설명하기', 공유된 지식을 이해하는 '전제', '이유 말하기'와 같은 언어를 사용하는 기술(대화 기술)인 '화용 기술'을 습득할 수 있어요. 또한 이 놀이는 다양한 문장 구조와 문법 형태를 연습할 수 있게 도와준답니다.

준비물

스케치북, 색연필, 좌식 책상

놀이 목표

내가 그린 그림을 말로 설명할 수 있어요.

☺ 놀이 방법

1 스케치북과 색연필을 준비하고, 아이와 좌식 책상에 마주 앉습니다.

2 아이에게 그림을 그리자고 설명하고, 아이가 원하는 대로 아무 그림이나 그려 보게 합니다. 이때 보호자도 함께 그림을 그립니다.

3 아이에게 자신이 그린 그림을 설명하게 합니다. 아이가 어려워하면, 보호자가 먼저 자신이 그린 그림을 들고 설명하는 시범을 보입니다. 아이에게 보호자가 설명하는 모습을 휴대폰 동영상으로 찍으라고 합니다. 역할을 바꿔 아이가 설명하는 모습을 보호자가 동영상으로 찍습니다.

4 아이와 함께 동영상을 보면서 이야기를 나누어 봅니다. 또는 아이가 자신의 그림을 설명한 부분을 보호자가 글자로 적어 정해진 장소에 붙여 전시합니다.

☺ TIP

• 아이가 동영상 찍는 것을 싫어할 수도 있습니다. 이럴 경우에는 무리해서 찍지 않아도 됩니다. 보호자가 아이의 말을 듣고 정리해서 다시 들려주는 것도 도움이 됩니다. 이 활동은 그림을 잘 그리거나 색을 잘 칠하는 것보다 자유롭게 그리고 표현하는 것이 중요합니다.

보호자 가이드 아이가 자신의 그림을 어른처럼 유창하게 설명하기는 어렵습니다. 아주 간단한 단어나 문장도 괜찮으니 아이가 스스로 그리고 말한 부분을 칭찬해 주세요.

우리 인생 네 컷

언어 놀이

놀이 효과

신체	도구 조작	
인지	위치 지각	
관계		지시 따르기
언어	듣기, 말하기	
정서		성취감

놀이 소개

이 시기의 아이들은 글자와 숫자를 정확히 따라 쓰지만, 실수가 있을 수 있습니다. '가장 큰', '가장 긴'처럼 비교 형태를 사용하기도 하고, '전제'라는 능력도 조금씩 발달하지요. '전제'란 대화할 때 듣는 사람이 요구하는 정확한 정보를 주기 위해 서로의 생각을 이해하고 표현하는 능력을 뜻합니다. 대화를 나눌 때는 공통된 지식 정보를 주고받아야 자연스럽고 효율적으로 소통할 수 있어요. '우리 인생 네 컷'은 언어적 지시를 주의 깊게 듣고, 내가 아는 정보를 상대방에게 효과적으로 전달하는 방법을 연습하게 해 효율적인 대화를 도와준답니다.

준비물

아이와 보호자의 사진, 가위, 사진 틀(A4 용지에 틀 인쇄 또는 스케치북에 색연필로 그려서 준비), 좌식 책상, 가방(또는 책, 블록 등), 풀

놀이 목표

듣는 사람이 아는 것과 모르는 것의 개념을 이해하고, 상대방에게 정보를 효과적으로 전달할 수 있어요.

☺ 놀이 방법

1 아이와 보호자의 사진을 4장, 5장, 6장씩 2세트를 준비합니다.
아이와 보호자가 1세트씩 나누어 가집니다. 3명이 놀이할 경우에는
3세트를 준비하는 등 인원수대로 세트를 준비합니다.

> 😮 **주의 사항** 사진을 자를 때 안전 가위를 사용하거나 보호자가 미리 잘라 준비합니다.

2 스케치북에 인생 네 컷 사진처럼 색연필로 틀을 그리거나, A4 용지에 틀을 인쇄해서 준비합니다.
준비한 틀 또는 스케치북, 사진을 똑같이 나누어 가집니다. 좌식 책상 가운데에 가방이나 책, 블록
등으로 벽을 세우고, 보호자와 아이가 마주 앉거나 나란히 앉습니다.

3 사진을 설명할 사람과 설명을 듣고 사진을 붙일 사람을 정합니다.

4 말하는 사람이 먼저 사진을 붙인 후 사진을 어디에 붙였는지
설명합니다.
"물놀이하는 ○○이 사진은 1층에 붙여요. 꽃을
구경하는 엄마(아빠) 사진은 2층에 붙여요."

5 듣는 사람이 다 붙였다고 하면, 벽을
치우거나 벽을 무너뜨려 보거나 벽 위로
똑같이 붙였는지 확인합니다.

6 역할을 바꾸어 다시 진행해 봅니다.

☺ TIP

• 만 4세 언어 놀이인 '쌍둥이 친구 찾기'(『어떻게 놀아 줘야 할까
1』 참조)와 연계할 수 있습니다.

• 처음에는 인생 네 컷 1장에 층만 다르게 붙이거나, 아이와 보호
자 사진을 서로 다른 행동 사진으로 준비합니다. 예를 들면 아이
는 물놀이 사진, 보호자는 밥 먹는 사진을 준비하거나 아이는 자
는 사진, 보호자는 책 읽는 사진 등을 준비할 수 있습니다. 아이
가 놀이에 익숙해지면, 인생 네 컷을 2장, 3장 나란히 붙여 1층 가
운데, 2층 왼쪽, 3층 오른쪽 등 지시를 잘 들어야 붙일 수 있게 합
니다. 혹은 아이와 보호자가 모두 파란 옷을 입은 사진이나 아이
와 보호자 모두 물놀이를 하는 사진, 아이가 바닷가에서 물놀이
하는 사진과 보호자가 워터파크에서 물놀이하는 사진 등 아이와
보호자 사진을 비슷한 내용으로 준비할 수도 있습니다.

> **보호자 가이드** 아이가 설명 중 정보를 생
> 략할 수도 있어요. 설명하기 복잡해서 생략
> 하거나 나름 그 정도로 충분하다고 생각해
> 건너뛸 수도 있지요. 이때 "파란 옷 입은 ○
> ○이는 어디에 붙여?", "그림 그리는 엄마
> (아빠)는 어디에 붙여?"처럼 아이에게 정
> 보를 재요청하거나 관련 정보를 재확인하
> 는 시범을 보여 주세요. 아이가 지시에 잘
> 따르면, "우와, 듣기만 하고 이렇게 만든 거
> 야? 대단하다!"처럼 칭찬을 꼭 해 주세요.

만5세 60~65개월 날 구해 줘!

언어 놀이

놀이 효과

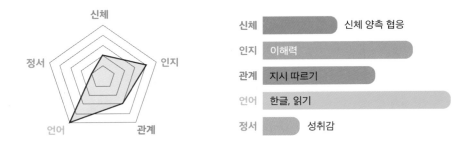

신체	신체 양측 협응
인지	이해력
관계	지시 따르기
언어	한글, 읽기
정서	성취감

놀이 소개

이 시기의 아이들은 한글에 관심이 많아집니다. '가나다라'처럼 자음을 말로 나열하고, 단어를 '가, 방 / 바, 지'처럼 음절로 나누어 읽고 쓸 수 있지요. '날 구해 줘!'는 '자음+모음'의 음절 구조를 이해하고, 재미있게 한글을 읽는 데 도움을 주는 놀이랍니다.

준비물

빈 주사위 도안, 가위, 풀, 필기구, '뱀과 사다리' 같은 말판, 말, 숫자 주사위

놀이 목표

자음과 모음을 합쳐서 읽을 수 있어요.

☺ 놀이 방법

1 오른쪽 예시와 같이 빈 주사위 도안을 준비합니다. 빈 도안 하나에는 자음을, 또 다른 하나에는 모음을 적습니다. 아이가 적는 것을 어려워한다면, 보호자가 적어 줍니다. 모음은 뒤집히는 방향에 따라 어떤 모음인지 헷갈리는 경우가 있습니다. 예를 들어 'ㅏ'는 보는 방향에 따라 'ㅗ'나 'ㅜ'가 될 수 있습니다. 또한 'ㅡ'는 'ㅣ'로 보일 수도 있습니다. 따라서 모음을 적을 때는 아랫부분에 점을 찍거나 다른 표시를 해서 위, 아래가 헷갈리지 않도록 합니다.

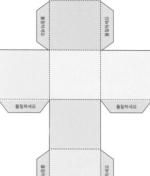

빈 주사위 도안 예시

2 아이에게 놀이 규칙을 설명해 줍니다.

3 차례를 정해 자음 주사위와 모음 주사위를 굴립니다.

> 😮 **주의 사항** 주사위를 너무 세게 던지거나 다른 사람을 향해 던지지 않도록 주의합니다.

4 나온 자음과 모음을 합쳐 읽으면, 숫자 주사위를 굴려 나온 수만큼 말을 움직입니다. 말판에서 먼저 도착한 사람이 이기게 됩니다.

☺ **TIP**

• 처음부터 자모음 개수를 많이 준비하기보다는 아이가 확실히 아는 자모음으로 흥미를 느낄 수 있도록 합니다. 추후 자모음 개수를 차차 늘리거나 아이가 헷갈려 하는 자모음으로 난이도 조절을 합니다.

보호자 가이드 활동성이 강한 아이는 이 놀이를 학습이라고 생각해서 하지 않으려고 할 수 있어요. 이럴 경우에는 첫판을 빨리 끝낸 다음 아이가 좋아하는 활동을 하면서 너무 학습적인 분위기가 되지 않도록 유의해 주세요.

만5세 발음 놀이(3)

60~65개월

언어 놀이

놀이 효과

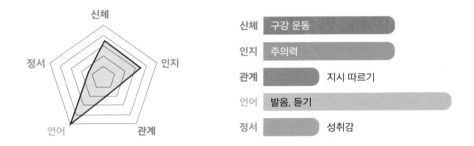

신체	구강 운동	
인지	주의력	
관계		지시 따르기
언어	발음, 듣기	
정서		성취감

놀이 소개

이 시기의 아이들은 대체로 분명하게 발음하지만, 가끔 자음 소리를 정확하게 발음하지 못할 때도 있습니다. 특히 /ㄱ/, /ㅋ/, /ㅈ/, /ㅉ/, /ㅊ/ 소리가 들어간 단어와 문장을 정확히 소리 내어 말할 수 있지요. 하지만 발음이 정확하지 못해 다른 사람들이 자신의 말을 알아듣지 못하면, 속상해서 자신 있게 생각을 전달하지 못할 수도 있어요. '발음 놀이(3)'은 보호자가 아이의 발음 정도를 확인하고, 말하는 자신감을 북돋는 데 도움을 준답니다.

준비물

목표 단어 그림 또는 단어 카드, 칭찬 스티커, 스티커 판

놀이 목표

/ㄱ/, /ㅋ/, /ㅈ/, /ㅉ/, /ㅊ/ 소리를 정확하게 발음하고 자신 있게 말할 수 있어요.

목표 단어 예시

/ㄱ/	단어
1단계	가 기 구 개 고 거 그 강 김 곰 공 국 금 귀
2단계	가방 가위 가재 가족 그네 고래 고기 거미 개미 화가 딸기 친구 악어[아거] 날개 가로등 간호사 거미줄
3단계	계단 겨울 사과 시계 당근 시골 강아지 귀걸이 경찰서 체온계 지우개 캥거루 도서관 돌고래 냉장고 청소기 사마귀 너구리 핫도그
4단계	가리키다 걱정하다 계산하다 고슴도치 고깔모자 내려가다 소곤소곤 고무장갑 스파게티 동그라미

/ㅋ/	단어
1단계	카 키 쿠 캐 코 커 크 칼 컵 코 콩 캔
2단계	카레 캐다 커튼 크림 키위 켜다 쿠키 스키 포크 윙크 바퀴 코코아 코끼리 코딱지 코뿔소 카메라 크레용
3단계	치킨 땅콩 팝콘 라켓 케이크 캥거루 컴퓨터 마스크 마이크 축하하다[추카하다] 낙하산[나카산] 리어카 리코더 서커스
4단계	레미콘 카멜레온 카네이션 크레파스 코스모스 콜록콜록 캄캄하다 파프리카 머리카락 케이블카 헬리콥터 어두컴컴하다 쿵쾅쿵쾅

/ㅈ/	단어
1단계	자 지 주 재 조 저 즈 잠 집 줄 잼 종 즙 절
2단계	자두 지붕 지갑 주다 주스 주사 조개 조끼 제비 과자 모자 사자 피자 가지 돼지 바지 타조 공주 우주 가재 치즈 형제 자동차 지렁이 지우개 주유소 주황색
3단계	종이 장화 작다 젖소 쟁반 감자 가족사진 계절 퍼즐 잠자리 장난감 줄넘기 젓가락 정수기 무지개 다람쥐 오렌지 아저씨
4단계	조종사 자전거 냉장고 수영장 화장실 청진기 거미줄 마요네즈 고무장갑 눈썰매장 잠자리채 나뭇가지 비닐봉지 할아버지 안전벨트 텔레비전

/ㅉ/	단어
1단계	짜 찌 쭈 째 쪼 쩌 쯔 쨈 찜 쪽
2단계	짜다 찌개 날짜 국자[국짜] 가짜 진짜 팔찌 공짜 글자[글짜] 첫째
3단계	짱구 짝꿍 짝짝 쨱쨱 찍다 쪽지[쪽찌] 찐빵 왼쪽 짧다[짤따] 찜질방 찔리다 찐만두 과학자[과학짜] 빗자루[비짜루] 다섯째
4단계	색종이[색쫑이] 베짱이 오른쪽 아래쪽 계란찜 짜증나다 쪼개지다 째깍째깍 반짝반짝 이쪽저쪽 김치찌개 된장찌개

055

/ㅊ/	단어
1단계	차 치 추 채 초 처 츠 책 춤 층
2단계	체리 차다 치약 체조 기차 부채 식초 고추 단추 참치 부츠 초콜릿
3단계	창문 책상 친구 침대 청소 축구 공책 농촌 곤충 청소기 구급차 유치원 앞치마 다치다 양배추 티셔츠 우체국 재채기
4단계	경찰서 차례차례 치과의사 축구선수 사다리차 주차하다 제기차기 쫓아가다[쪼차가다] 색칠하다 와이셔츠

☺ 놀이 방법

1 자음 /ㄱ/, /ㅋ/, /ㅈ/, /ㅉ/, /ㅊ/ 중에서 하나를 고른 다음, 1~4단계 목표 단어 중 5~10개씩 골라 그림이나 단어 카드를 준비합니다. 그림은 휴대폰으로 검색한 사진 등으로 활용이 가능합니다.

2 보호자는 아이에게 따라 말하는 앵무새 놀이라고 소개합니다.

3 1단계 목표 단어를 그림 또는 사진과 함께 보여 주며 따라 말하게 합니다. 정확하게 따라 하지 못해도 잘하고 있다며 칭찬하거나 스티커를 붙여 주고 다음 단어로 넘어가면 됩니다.

4 2단계 목표 단어를 그림 또는 사진과 함께 보여 주며 따라 말하게 합니다. '가아~방, 그으~네'처럼 부드럽게 연결해서 들려줍니다.

5 3단계 목표 단어를 그림 또는 사진과 함께 보여 주며 따라 말하게 합니다.

6 4단계 목표 단어를 그림 또는 사진과 함께 보여 주며 따라 말하게 합니다.

7 놀이가 끝난 후 아이가 정확히 따라 하지 못한 단어가 무엇인지 살펴보고, 발음을 잘하는 단어 5개와 어려워하는 단어 5개를 뽑아 꾸준히 반복해 줍니다. 아이마다 어려워하는 발음이 다를 수 있으므로 단계를 무시하고 연습해도 좋습니다.

- 만 3세 언어 놀이인 '발음 놀이(1)', 만 4세 언어 놀이인 '발음 놀이(2)'(『어떻게 놀아 줘야 할까 1』참조)와 연계할 수 있습니다.

- /ㄱ/, /ㅋ/ 소리를 쉽게 내려면, 양치할 때 턱을 살짝 들고 가글합니다. 그러면 혀 뒷부분의 힘을 강화할 수 있습니다. /ㅈ/, /ㅉ/, /ㅊ/ 소리를 쉽게 내려면, 혀 중간 부분을 입천장 쪽으로 올리고 '쯧쯧' 소리를 5번씩 아이와 보호자가 주고받으며 연습합니다.

- 같은 그림을 2장씩 만들어 난이도에 따라 6장, 8장, 10장 이상까지 메모리 게임을 합니다. 같은 그림을 찾았을 때 정확하게 발음하면 가져갈 수 있습니다.

보호자 가이드 아이의 발음이 부정확할 때 보호자가 "그게 아니야. 다시 말해 봐. 못 알아듣겠어."처럼 아이를 다그치면, 아이는 말하는 자신감을 잃을 수 있습니다. 평소 해당 음소가 들어간 단어를 강조해 크게 들려주세요. 그러면 아이는 자연스레 자신의 발음과 다름을 인식하고, 정확히 하려고 노력할 거예요. 이 시기의 아이들은 /ㅅ/, /ㅆ/, /ㄹ/ 소리에 서투르므로 활동의 목표 음소가 아닌 소리까지 무리하게 요구하지 마세요. 간혹 아이에게 단어를 음절로 쪼개어 따라 하라는 보호자도 있는데, 그러면 소리를 끊어서 말하는 등 오히려 발음이 부자연스러워집니다. 이때는 단어 전체를 천천히 들려주면서 자연스럽게 발음할 수 있도록 이끌어야 해요. 만 5세 이후에 목표 음소가 들어간 소리를 정확하게 발음하지 못하면, 전문가 상담을 권합니다.

동물로 변해라 얍!

놀이 효과

신체	운동 계획	
인지	이해력	
관계	갈등 해결	
언어	어휘	
정서	감정 어휘, 자기 감정 인식	

놀이 소개

다른 사람의 마음을 잘 이해하고 공감하는 능력을 '정서 지능(Emotional Intelligence, EI)'이라고 합니다. 정서 지능은 자신의 정서를 이해하고 조절할 수 있는 능력에서 시작해요. 아이는 '동물로 변해라 얍!'을 통해 자신의 감정을 동물의 표정이나 몸짓으로 흉내 내 보면서 자연스럽게 감정을 이해하고 표현해 볼 수 있답니다.

준비물

감정 단어 카드, 눈·코·입이 없는 동물 도안, 다양한 모양의 눈·코·입 스티커

놀이 목표

나의 평소 감정과 행동을 인식할 수 있어요.

☺ 놀이 방법

1 7~8개 정도의 감정 단어 카드('즐겁다/기쁘다', '슬프다', '걱정하다', '무섭다', '밉다', '화나다/짜증 나다', '부끄럽다', '자신 있다' 등)를 준비합니다.

2 아이와 함께 감정 단어 카드를 보면서 언제 이런 감정을 느꼈는지, 그때 표정이 어땠을지 이야기를 나눕니다.

3 아이에게 감정을 동물에 빗댄 표현을 들려주고, 몸으로 표현해 봅니다.
"나는 화가 날 때 호랑이처럼 돼.", "나는 기분이 좋을 때 토끼처럼 된단다."

4 눈·코·입이 없는 동물 도안을 보여 주며, 어떤 표정을 짓게 하고 싶은지 이야기를 나눕니다. 동물 도안에 눈·코·입 스티커를 붙여서 표정을 만들어 봅니다.

5 동물 표정에 맞는 소리나 몸짓을 표현해 봅니다.

☺ TIP

• 감정을 동물로 표현하기 어려우면, 먼저 동물 도안에 스티커로 표정을 만들고 나서 신체 표현으로 확장해 봅니다.

• <작은 동물원> 노래를 개사해 함께 불러 봅니다.
"부끄 부끄 코끼리, 심통이 난 스컹크, 질투 난 고양이, 서운한 호랑이, 지루한 오리, 행복 행복 토끼, 짜증이 난 여우! 따따따딴딴 (내 기분)!"

보호자 가이드 이 시기의 아이들은 부끄러움, 질투, 서운함 등 세분화된 다양한 감정을 느끼지만, 표현하는 것을 어색해할 수 있어요. 이때 "너 전에 부끄러워했잖아. 그게 부끄러운 거야!"처럼 말하기보다는 "나는 이럴 때 부끄러웠어. 이건 누구나 다 느끼는 자연스러운 감정이야."처럼 말해서 아이가 감정을 편안하게 받아들이도록 도와주세요.

내 마음 팡팡

정서 놀이

놀이 효과

신체	신체 양측 협응
인지	이해력
관계	갈등 해결
언어	말하기
정서	자기 감정 인식, 감정 조절

놀이 소개

이 시기의 아이들은 다양한 감정을 경험하며 성장해요. 행복함, 기쁨, 즐거움 등 긍정적인 감정은 자연스럽게 표현하지만, 부정적인 감정은 어떻게 표현해야 할지 어려워하기도 하지요. 아이는 '내 마음 팡팡'을 통해 자신이 느꼈던 부정적인 감정을 다른 사람에게 해를 끼치지 않는 방법으로 표출하는 경험을 할 수 있어요. 이 놀이를 통해 우리가 느끼는 다양한 감정은 자연스러운 것이고, 그 감정을 잘 표현해야 한다는 것을 배울 수 있답니다.

준비물

신문지, 크레파스, 바구니

놀이 목표

답답했던 마음을 해소할 수 있어요.

☺ 놀이 방법

1 신문지 여러 장을 준비합니다.

2 보호자가 신문지 한 장을 펼쳐 들고, 아이가 신문지를 주먹으로 쳐서 뚫어 봅니다. 신문지가 뚫린 모습을 확인합니다.

3 아이와 보호자가 신문지 여러 장에 각자 잊고 싶은 기억이나 화났던 기억을 적거나 그려 봅니다. 그런 후 모두 격파해 봅니다.

4 격파된 신문지를 잘게 찢어 머리 위로 날립니다. 바닥에 떨어진 신문지 조각을 모아 다시 날려 봅니다.

5 신문지 조각을 더 잘게 찢고 뭉쳐서 공을 만듭니다. 이 공으로 바구니에 던져 넣기 놀이를 해 봅니다.

☺ TIP

• 신문지 공을 활용해 만 5세 신체 놀이인 '풍선 야구'와 연계할 수 있습니다.

보호자 가이드 아이가 자신의 감정 표현을 주저한다면, 보호자의 경험을 말하고 실제로 스트레스를 해소하는 모습을 보여 주는 것이 좋아요. 아이는 적절하게 감정을 표현하는 방식을 보호자의 언어와 행동을 통해 배웁니다. 따라서 보호자가 먼저 보여 주는 과정이 도움이 돼요. 단, 아이로 인한 스트레스를 아이 앞에서 표현하지는 말아 주세요.

대포가 된 풍선

정서 놀이

놀이 효과

신체		도구 조작
인지	이해력	
관계		갈등 해결
언어	상황 언어	
정서	자기 감정 인식, 감정 조절	

놀이 소개

이 시기의 아이들은 부정적 감정을 행동으로 표현해서는 안 된다는 것을 알아요. 그래서 감정을 억압하거나 회피하기도 하지요. 이렇게 감정을 제대로 표현하지 못하고 담아 두기만 하면, 어느 순간 감정을 조절하기 어렵게 돼요. '대포가 된 풍선'은 분노나 좌절감, 죄책감, 수치심, 슬픔 등도 자연스러운 감정임을 이해하고, 이를 표현하는 기회를 제공해 마음이 시원해지는 경험을 할 수 있도록 도와주는 놀이랍니다.

준비물

풍선, 풍선 펌프, 종이컵, 가위, 테이프, 색종이, 필기구

놀이 목표

부정적 감정을 해소할 수 있어요.

⌣ 놀이 방법

1 아이와 함께 화나거나 속상했던 일에 관해 이야기합니다. 풍선 안에 그때의 감정을 실어 보자고
말합니다.

2 풍선에 대고 화나는 일을 말한 후 풍선 펌프로 풍선을 크게 부풀려 봅니다. "화나는 마음 모두
날아가!"라고 외치며 풍선을 날려 보냅니다.

3 다음과 같은 순서로 '종이컵 대포'를 만듭니다.
　① 종이컵 바닥을 동그랗게 잘라 냅니다. 아이가 어려워하면 보호자가 도와줍니다.
　② 풍선 입구인 끝부분을 묶고, 위의 둥근 부분을 잘라 줍니다.
　③ 자른 풍선을 종이컵 바닥 부분에 씌웁니다.
　④ 풍선이 빠지지 않도록 테이프로 고정합니다.

4 아이와 함께 색종이에 화나는 장면과 생각을 그리거나 글로
쓴 다음 작게 잘라서 종이컵 대포 안에
넣습니다.
"화나는 마음 모두 날아가!"라고 외치며
풍선의 묶인 부분을 잡아당겨 종이
폭죽을 터뜨리듯 종잇조각들을 날려
봅니다.

5 날린 종이들을 모아 버린 후 아이와
기분이 어땠는지 이야기를 나누어
봅니다.

보호자 가이드　아이들은 부정적인 감정을 말로 표현하기 어려워합니다. 금기처럼
생각하고 자신을 나쁜 아이라고 느끼기도 하지요. 이런 감정은 자연스러운 것이고,
감정을 어떻게 표현하느냐가 중요하다는 것을 알려 주세요. "화날 때 이렇게 소리치
고 싶지?", "이렇게 다 날려 버리고 싶지?"라고 말하며 아이의 마음을 이해해 주세요.
그리고 이 마음을 잘 해소할 수 있게 놀아 주세요.

소원을 말해 봐

정서 놀이

놀이 효과

신체	눈-손 협응
인지	이해력
관계	친밀감
언어	상황 언어
정서	자아 존중, 주도성

놀이 소개

이 시기의 아이들은 하고 싶은 것, 먹고 싶은 것 등 기대하는 것들을 말로 표현하기 시작합니다. 또 상상이나 마법에 대한 사고가 풍부해져 소망하는 것을 다양하게 생각할 수 있어요. '소원을 말해 봐'는 소원에 대해 마음껏 상상해 보며 즐거움을 느끼게 하는 놀이랍니다.

준비물

종이, 연필, 색연필

놀이 목표

자신이 바라는 것을 언어로 표현할 수 있어요.

😊 놀이 방법

1 아이와 소원을 들어주는 캐릭터들에 관해 이야기를 나눕니다.

2 소원을 이루어 주는 램프가 있다면 어떤 소원을 빌고 싶은지 각자 3가지씩 생각합니다. 소원을
종이에 적거나 그림으로 표현해 봅니다. 램프 모양을 그려서 그 안에 적어 보아도 좋습니다.

3 아이의 3가지 소원과 그 이유를 듣고 공감해 줍니다. 보호자의 3가지 소원과 그 이유도 아이에게
말해 줍니다.

4 '나의 소원이 이루어진다면'이라는 주제로 그림을
그리면서 소원이 이루어졌을 때를
상상해 봅니다. 소원이
이루어졌을 때 서로의
모습이나 마음이 어떨지
그림을 보며 함께
이야기를 나눕니다.

보호자 가이드 아이가 현실적이지 않은 소원을 표현하거나 소원을 어떻게 말해야
할지 망설일 수 있어요. 이럴 경우에는 애니메이션이나 동화책 중 소원과 관련된 이
야기를 들려주어도 좋습니다. 다만 보호자의 소원을 이야기할 때 아이가 공부를 잘
하게 해 달라는 등 아이에게 부담을 주는 소원은 제외해 주세요.

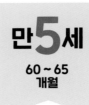
자화상을 표현해요

정서 놀이

놀이 효과

신체	눈-손 협응
인지	시지각
관계	지시 따르기
언어	말하기
정서	자아 존중, 성취감

놀이 소개

이 시기의 아이들은 "나는 키가 커.", "나는 머리가 길어."처럼 신체적 특징으로 자신을 이해합니다. 또 다양한 사회적 관계와 정서적 경험을 통해 자아 개념을 형성해 가지요. '자화상을 표현해요'는 자신의 신체적 특징을 표현하면서 나만의 특별함을 발견할 수 있는 놀이예요. 이 놀이는 아이가 자신에 대한 긍정적인 생각을 토대로 성장할 수 있도록 도와준답니다.

준비물

여러 작가의 자화상, 거울(또는 아이와 보호자의 사진), 스케치북, 연필, 팔레트, 물감, 물통, 붓, 가위

놀이 목표

자신의 신체적 특징을 이해하고, 나만의 특별함을 발견할 수 있어요.

☺ 놀이 방법

1 아이와 함께 자화상이 무엇인지 이야기를 나눕니다. 여러 작가의 자화상을 보여 주고, 아이도 자신의
모습을 스케치북에 표현해 보게 합니다.

2 거울을 보거나 사진 속 자신의 모습을 보고, 몸 전체를 그릴지 얼굴만 표현할지 정합니다.

3 보호자와 아이는 각자 자신의 모습을 스케치하고 물감으로 칠합니다.

4 나만의 특별한 점이 무엇인지 이야기하고, 자화상에 제목을 붙이며 나의 의미를 생각해 봅니다.
서로의 그림을 보고 어떤 느낌이 드는지 이야기를 나누어 봅니다.

☺ **TIP**

• 자신의 모습을 그린 종이를 잘라서
인형처럼 역할 놀이로 활용해 볼 수
있습니다. 종이 인형에 필요한 요소
들을 추가해 놀이에 재미를 더해 보
는 것도 좋습니다.

보호자 가이드 "눈은 이렇게 표현해야지.", "코는 이렇게 그리는 게 더 예
뻐."처럼 아이의 그림을 수정하지 마세요. 이 놀이의 목적은 그림을 잘 그
리는 것이 아니라 신체적 특징을 이해하고 긍정적인 자아를 표현하는 것
임을 기억해 주세요. 더불어 보호자가 옆에서 함께 자화상을 그리면, 아이
도 좀 더 진지하게 자신을 표현할 거예요.

2짱

만 5세(66~71개월)

마음과 생각을
표현하면서
대화 나누는 것이
즐거워요

○○마트에 놀러 오세요!

신체 놀이

놀이 효과

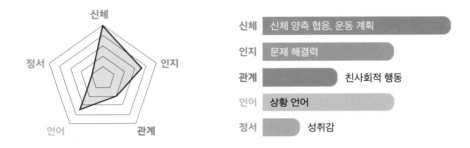

신체	신체 양측 협응, 운동 계획
인지	문제 해결력
관계	친사회적 행동
언어	상황 언어
정서	성취감

놀이 소개

무거운 물건을 밀고 당기는 것은 치약을 짤 때, 크레파스로 색칠할 때, 그리고 철봉에 오래 매달릴 때 어느 정도로 힘을 주어야 할지를 알게 하는 감각을 발달시켜 줍니다. 아이는 '○○마트에 놀러 오세요!'를 통해 물건들을 배달하면서 몸을 정확하고 효과적으로 쓸 수 있게 된답니다.

준비물

무게감이 있는 물건(생수, 음료, 동화책 등), 광고 전단지, 종이, 펜, 가위, 풀, 색연필, 빨래 바구니 또는 큰 상자

놀이 목표

놀이 규칙을 이해하고 맡은 역할을 수행할 수 있어요. 물건들을 혼자 옮길 수 있어요.

∴ 놀이 방법

1 집 안에서 마트와 집의 위치를 정합니다. 두 장소는 서로 보이되, 되도록 멀리 정합니다.

2 아이와 함께 마트에서 봤던 물건들에 관해 이야기합니다. 집에서
마트 놀이에 사용할 무게감이 있는 물건들을 고릅니다. 고른 물건을
광고 전단지에서 찾은 후 가위로 오려 ○○마트 전단지에 붙입니다.
광고 전단지에 고른 물건이 없으면 직접 그려서 오린 후 붙입니다. ○○마트 전단지가 완성되면 역할
(판매자, 손님)을 정합니다.

> 😮 **주의 사항** 아이가 가위를 사용할 때는 보호자가 옆
> 에서 어려운 부분만 도와줍니다.

3 전단지에 있는 실제 물건들을 모아서 진열합니다.

4 아이가 손님인 경우에는 먼저 물건들을
찾아서 바구니나 상자에 담아 계산합니다.
그 후 물건들을 집으로 옮깁니다.

5 아이가 판매자인 경우에는 보호자가
전화로 물건을 주문합니다. 그러면
아이가 주문받은 물건을 찾아
바구니에 담은 후 밀거나 끌어서
배달합니다. 함께 배달된 물건을
확인하고 감사 인사를 합니다.

∴ **TIP**

• 물건의 종류, 무게, 옮기는 거리 등을
달리해 난이도를 조정합니다.

보호자 가이드 아이가 배달하는 물건들의 무게는 힘을 주어서 밀고 당길
수 있을 정도로 설정해 주세요. 우리의 근육과 관절에는 근육의 움직임을
감지하는 센서들이 있습니다. 이 센서들은 무거운 것을 밀고 당기거나 매
달릴 때, 혹은 스트레칭을 할 때 활성화가 돼요. 충분히 이 센서가 켜지도
록 무게가 있는 물건들을 준비해 주세요.

종이로 만든 길

신체 놀이

놀이 효과

신체	신체 양측 협응, 운동 계획
인지	문제 해결력
관계	지시 따르기
언어	듣기
정서	성취감

놀이 소개

우리가 생각한 대로 몸을 움직이기 위해서는 먼저 어떻게 움직일지를 계획해야 합니다. 이것을 '운동 계획'이라고 해요. 움직임의 단계와 순서를 기억해서 수행할 수 있게 해 주는 기술이지요. 이 닦기, 옷 입기, 미끄럼틀 타기 등 모든 신체 활동에는 운동 계획이 사용됩니다. 종이를 옮겨서 길을 만드는 '종이로 만든 길'을 할 때도 운동 계획이 사용돼요. 움직임의 순서를 계획해야 좀 더 빠르게 움직일 수 있기 때문이지요. 아이는 이 놀이를 통해 몸을 좀 더 효율적으로 움직이는 법을 배우게 된답니다.

준비물

종이 2장, 여러 물건, 크로스백, 쿠션 2개

놀이 목표

목표 지점까지 길을 만드는 연속적인 동작을 수행할 수 있어요.

☺ 놀이 방법

1 출발 지점과 도착 지점을 정합니다.

2 아이에게 바닥을 밟지 않고 종이 2장을 이용해 탈출하는 놀이라고
설명합니다.
"지금 바닥에는 뜨거운 용암이 흐르고 있어! 바닥을 밟지 않고
이곳을 탈출하자. 자, 여기 뜨거운 용암에도 견딜 수 있는 마법
종이가 있어. 이걸 이용해 탈출하는 거야."

> 😮 **주의 사항** 코팅된 종이를 사용하면 아이가 미끄러
> 질 수 있으므로 A4 종이를 권합니다.

3 종이 2장을 가지고 출발 지점에 섭니다. 종이로 길을
만들면서 갑니다. 앞으로 나아갈 때 뒤에 있는
종이를 앞으로 옮겨 딛습니다.

4 바닥을 밟지 않고 종이
길로만 도착 지점까지
갑니다.

☺ TIP

• 아이가 이동하는 도중에 구출하거나 수집할 물건을 배치합니다.
작은 크로스백에 물건을 모을 수 있게 합니다. 물건이 있는 곳까
지 가서 모은 후 도착 지점으로 오게 합니다.

• 한 사람이 종이를 옮기고 다른 사람이 그 위로 이동합니다. 4명
이상이 함께할 때는 2명씩 팀을 짜서 어느 팀이 먼저 도착하는지
대결합니다.

• 2가지 색 종이를 준비하면, 아이에게 피드백을 줄 때 좀 더 잘 이
해시킬 수 있습니다. 종이 대신 쿠션 2개를 사용해 난도를 높여
봅니다.

> **보호자 가이드** 보호자 눈에는 아이가 만
> 드는 길이 서툴러 보일 수 있습니다. 더 좋
> 은 방법을 바로 알려 주고 싶을지도 몰라
> 요. 하지만 아이 스스로 더 나은 방법을 찾
> 을 수 있도록 조금만 기다려 주세요.

깨끗한 내 옷

신체 놀이

놀이 효과

신체	운동 계획, 자조
인지	시지각
관계	지시 따르기
언어	상황 언어
정서	성취감

놀이 소개

아이는 빨래를 하면서 왜 옷을 빨아서 입어야 하는지, 어떻게 해야 하는지를 배우게 됩니다. 이처럼 일상생활의 과제를 하는 기술을 익히는 것은 보호자를 돕는 기회를 마련해 주고, 아이의 자율성과 독립성을 높여 줘요. '깨끗한 내 옷'은 빨래를 하는 것부터 빨래를 널고 개서 정리하는 것까지 경험할 수 있는 놀이입니다. 이를 통해 아이는 빨래하기의 전체 과정을 보호자와 함께할 수 있지요.

준비물

빨랫감, 세숫대야, 빨랫비누, 바구니, 빨랫줄 또는 빨래 건조대, 집게

놀이 목표

옷 관리의 필요성을 배울 수 있어요. 양손을 협응된 형태로 부드럽게 움직일 수 있어요.

1 아이와 옷을 왜 빨아서 입는지에 관해 이야기를 나눕니다. 아이에게 세탁 과정을 간단히 설명해
줍니다.

2 양말, 손수건 등 작은 빨랫감을 모읍니다. 세숫대야에 물을 받아 빨래를 담급니다. 젖은 빨래에
빨랫비누를 문질러 거품을 냅니다. 거품을 깨끗이 헹궈 줍니다. 헹군 빨래를 최대한 꼭 짜서 물기를
제거합니다. 필요하면 세탁기로 탈수합니다.

3 빨래를 바구니에 담아 빨랫줄이 있는 곳으로 갑니다. 빨랫줄에
빨래를 널고 집게로 고정합니다.
빨랫줄이 없다면 빨래
건조대에 널어도
좋습니다.

4 건조된 빨래를 걷습니다.
보호자가 빨래를 개는
방법을 보여 주고,
아이는 이를 따라서
개어 봅니다.
갠 빨래를
옷장이나
서랍에 넣어
정리합니다.

보호자 가이드 빨래도 놀이가 될 수 있어요. 보호자와 일상생활의 과제들을 함께하
는 것은 아이의 자조 기술과 자존감을 높이는 데 좋습니다. 아이와 함께 집안일을 하
는 것이 조금 번잡스러울 수 있지만, 아이에게 기회를 주고 기다려 주세요.

요리조리 왔다 갔다

신체 놀이

놀이 효과

신체	공간 지각, 눈-손 협응
인지	시지각
관계	지시 따르기
언어	듣기
정서	성취감

놀이 소개

구멍 사이로 요리조리 바늘을 이동시켜야 하는 바느질은 공간 지각, 눈과 손의 협응, 움직임의 순서, 시지각 능력을 향상시키는 데 도움이 되는 활동이에요. 특히 손을 정교하게 사용하는 데 도움을 주는 소근육 발달에 좋답니다. 아이는 '요리조리 왔다 갔다'를 통해 손을 정확하고 정밀하게 움직이게 되고, 작은 물건을 손으로 잡고 조작하는 법도 익히게 될 거예요.

준비물

털실, 테이프, 색지, 가위, 두꺼운 종이, 사인펜, 펀치, 안전 바늘

놀이 목표

규칙에 맞게 구멍에 실을 꿸 수 있어요.

☺ 놀이 방법

1 털실의 한쪽 끝을 약 3cm 정도 운동화 끈처럼 테이프로 감아 구멍에 쉽게 들어갈 수 있게 합니다.

2 티셔츠와 바지 또는 치마 모양으로 종이를 잘라 놓습니다. 이때 티셔츠의 아랫부분과 바지허리 부분의 길이를 같게 합니다.

3 아이에게 바느질에 관해 설명해 줍니다. 옷의 바느질 된 부분을 보여 주거나 구멍 난 곳을 꿰매면서 이야기합니다.

4 두꺼운 종이에 동그라미를 그리고 아이에게 오리게 합니다. 오린 종이에 눈, 코, 입을 그립니다.

5 머리카락이 시작하는 부분에 1.5cm 간격으로 점을 찍어 표시합니다. 펀치를 사용해 표시한 곳에 구멍을 뚫습니다. 펀치에서 종이가 모이는 커버를 제거하면, 점의 위치를 보면서 뚫을 수 있습니다. 아이에게도 펀치로 구멍을 뚫을 기회를 줍니다.

6 종이 뒷면의 구멍으로 털실을 넣어 앞으로 빼내고, 다시 뒷면에서 앞으로 빼는 감침질을 반복합니다.

7 준비한 종이 티셔츠의 아랫부분과 바지허리 부분을 서로 겹쳐서 구멍을 뚫습니다. 위와 같은 방법으로 바느질해서 티셔츠와 바지를 연결합니다.

8 얼굴에 티셔츠와 바지를 합칩니다. 손과 발을 그려 붙이면 완성입니다.

☺ TIP

• 바느질을 배우면서 '바늘, 실, 꿰매다, 넣다, 빼다' 등 관련 어휘를 자연스럽게 익힐 수 있도록 합니다.

• 아이가 바느질을 어려워하면, 구멍의 간격을 넓게 해 줍니다. 반대로 아이가 바느질에 익숙해지면, 다른 바느질법도 적용해 봅니다.

보호자 가이드 어른에게는 아주 쉬운 일이 아이에게는 어려울 수 있습니다. 특히 처음 하는 일이라면 서툰 것이 당연해요. 구체적으로 하나씩 차근차근 알려 주세요. "자, 여기 구멍으로 바늘을 쏙 넣고, 쭉 잡아당겨 보자. 이번에는 옆에 있는 구멍에 이렇게 넣을 거야. 이제 네가 한번 해 볼래?"처럼 말해 주세요.

카우보이 줄넘기

신체 놀이

놀이 효과

신체	공간 지각, 운동 계획
인지	시지각
관계	지시 따르기
언어	듣기
정서	성취감

놀이 소개

이 시기 아이들의 사고는 좀 더 조직적입니다. 보다 명확한 결과를 얻기 원하며, 자신의 성취를 다른 사람과 비교하기 시작하지요. 따라서 기술을 마음껏 발휘할 수 있는 활동이 필요해요. '카우보이 줄넘기'에서 허들을 넘듯이 줄을 뛰어넘는 동작은 줄넘기 전 단계에 적용하기 좋습니다. 움직이는 줄을 뛰어넘는 것은 동작 자체도 크지만 동시에 집중이 필요해요. 아이는 이 놀이를 통해 줄의 높이에 따라 균형을 유지하면서 뛰어야 할 높이와 타이밍을 조절할 수 있답니다.

준비물

길이가 1m 이상 되는 줄 또는 줄넘기

놀이 목표

움직이는 줄을 타이밍에 맞춰 뛰어넘을 수 있어요.

☺ 놀이 방법

1 보호자는 카우보이처럼 줄을 돌리는 연습을 미리 해 봅니다. 줄의 높이, 회전 강도 등을 마음대로 할 수 있을 정도로 연습하기를 권합니다.

2 아이에게 놀이에 관해 설명합니다. 보호자가 줄을 돌릴 때 줄을 밟지 않고 그 위를 뛰어넘어야 한다고 말합니다.

3 보호자가 방이나 거실의 정중앙에 앉습니다. 앉은 자세에서 카우보이가 줄을 돌리다가 던지는 것처럼 머리 위로 줄을 돌립니다. 줄이 바닥에 닿도록 높이를 조정해 가면서 돌립니다.

> **주의 사항** 아이가 부딪쳐 다칠 수 있으므로 줄을 던지거나 돌릴 때 주의합니다. 아이에게 긴 바지를 입혀 피부에 직접 부딪치지 않게 합니다.

4 아이의 움직임에 맞춰서 줄을 돌립니다. 아이가 타이밍에 맞춰 줄을 뛰어넘어 보게 합니다.

☺ TIP

- 줄을 돌리는 속도와 높이를 다르게 해서 난이도를 조정합니다. 줄을 돌리는 것이 어려우면, 막대나 훌라후프를 줄 대신 사용해도 됩니다.

- 3명 이상이 함께할 때는 두 사람이 거리를 두고 줄을 마주 잡고 섭니다. 나머지 사람들은 줄의 가운데 위치 정도에 섭니다. 줄을 잡은 두 사람이 각자의 오른쪽이나 왼쪽, 즉 서 있는 사람들의 방향으로 움직여 줄이 이동하면, 서 있는 사람들은 줄을 잡은 두 사람의 움직임의 방향과 속도를 보고 타이밍을 예측해서 점프합니다. 이것은 파도타기 같은 방식에 더 가깝습니다.

> **보호자 가이드** 빨리 움직이는 활동을 하다 보면 점점 흥분하기 마련입니다. 아이가 너무 격앙되어 소리를 지르거나 하면 잠시 쉬게 해 주세요. 물 한 잔 마시자고 하면서 "지금부터 엄마(아빠)보다 작은 소리로 말해 보자."라고 속삭이듯 말해 주세요.

사계절은 돌고 돌아

인지 놀이

놀이 효과

신체	자조
인지	이해력, 수학적 사고
관계	지시 따르기
언어	어휘
정서	성취감

놀이 소개

사계절을 경험하는 것은 생명, 성장, 변화, 관계의 개념을 아이가 나름의 방식으로 이해하는 데 도움을 줍니다. '사계절은 돌고 돌아'는 봄, 여름, 가을, 겨울이 순서대로 진행될 뿐 아니라 겨울 다음에는 다시 봄이 와 사계절이 반복된다는 것을 가르쳐 주는 놀이예요. 이 놀이는 계절별로 달라지는 자연현상의 차이, 시간과 순서의 개념을 익히는 데도 도움이 된답니다.

준비물

계절감을 느낄 수 있는 물건(수영복, 장갑, 목도리, 긴팔옷, 반팔옷 등), 달력, 색종이, 필기구, 제철 과일

놀이 목표

사계절의 순서를 이해할 수 있어요.

☺ 놀이 방법

1 아이에게 계절감을 느낄 수 있는 물건을 보여 주고, 어떤 계절에 필요한지 말해 봅니다.

2 아이에게 달력을 보여 줍니다. 봄은 3~5월, 여름은 6~8월, 가을은 9~11월, 겨울은 12~2월 달력을 넘길 때 계절이 변함을 알려 줍니다.

3 봄은 연두색, 여름은 초록색, 가을은 주황색, 겨울은 하늘색 등으로 정해 사계절을 4가지 색종이에 적습니다. 보호자가 색종이를 계절 순서대로 배열하며 시범을 보여 줍니다. 아이도 순서대로 배열해 보게 합니다.

4 봄, 여름, 가을, 겨울의 순서를 잘 이해했다면 4가지 색종이로 봄, 여름, 가을, 겨울을 순서대로 나열하고 그 옆에 다시 봄이 적힌 종이를 놓습니다. 그래서 겨울 다음에 다시 봄이 오는 것을 이해할 수 있게 합니다.

5 아이에게 좋아하는 계절과 그 이유를 묻고, 신선한 제철 과일을 먹으며 활동을 마무리합니다.

☺ TIP

• 아이와 달력을 보면서 ○월인 지금은 어떤 계절인지 알아봅니다. 바깥 풍경을 보면서 지금 계절의 특징에 관해 이야기를 나누어 봅니다.

보호자 가이드 물놀이 사진, 단풍 구경 사진, 눈썰매 타는 사진 등 계절이 드러난 사진을 함께 보며 추억을 되살려 보세요. 아이와 함께 보냈던 계절에 관해 "한 살 겨울에는 눈이 차가워 깜짝 놀라 울었지.", "두 살 겨울에는 눈이 오면 나가서 뛰어다녔어.", "세 살 겨울에는 큰 눈사람을 만들었단다."처럼 이야기하면서 계절이 반복되는 것을 이해할 수 있게 도와주세요. 아이가 또렷이 기억하는 계절과 관련된 추억, 혹은 바로 다음 계절에 하기로 한 계획 등에 관해 이야기를 나누어 보는 것도 좋아요.

만 5세 66~71 개월 더하기 빼기 주사위 게임

인지 놀이

놀이 효과

신체	눈-손 협응
인지	수학적 사고, 문제 해결력
관계	지시 따르기
언어	어휘
정서	성취감

놀이 소개

이 시기의 아이들은 10 이하의 수를 세고, 수의 양을 이해할 수 있어요. '더하기 빼기 주사위 게임'은 수와 연산의 기초 개념을 익히는 데 도움이 되는 놀이입니다. 아이는 주사위를 던져서 나오는 수만큼 이동하고, 블록이 늘어나고 줄어드는 과정을 경험하면서 덧셈과 뺄셈의 개념을 익힐 수 있을 거예요.

준비물

바둑돌(또는 폼폼이, 블록 등), 화이트보드 또는 종이, 보드 마커 또는 연필, 큰 도화지, 색연필, 다른 색 블록 여러 개, 주사위

놀이 목표

한 자릿수끼리의 간단한 덧셈과 뺄셈을 할 수 있어요.

☺ 놀이 방법

연습 놀이

1 바둑돌(또는 폼폼이, 블록 등)을 관찰하고 이야기를 나눕니다.
"바둑을 둘 때 사용하는 바둑돌이야. 이걸로 어떤 놀이를 할 수 있을까?"

2 바둑돌을 이용해서 더하기, 빼기를 연습해 볼 것이라고 설명합니다.

3 화이트보드나 종이에 더하기 문제를 냅니다.(예: 3+4=?)

4 보호자가 앞의 수(3)만큼 흰 바둑돌을 아이 앞에 놓고, 더하기 위해 바둑돌을 얼마만큼 더 놓아야
하는지 물어봅니다.

5 아이가 뒤의 수(4)만큼 검은 바둑돌을 가져다 놓으면, 모두 몇 개인지 덧셈 문제를 풀어 봅니다.

6 같은 방법으로 빼기 문제를 냅니다. 보호자가 앞의 수만큼 아이 앞에 흰 바둑돌을 놓고, 뺄셈을
하려면 바둑돌을 얼마만큼 없애야 하는지 물어봅니다.

7 아이가 뒤의 수만큼 흰 바둑돌을 빼고,
몇 개가 남았는지 답합니다.

8 다른 문제로 더하기와 빼기에
익숙해지도록 여러 번 연습해 봅니다.

1 '더하기 빼기 보드 판'을 미리 만들어 둡니다. 큰 도화지에 길을 그리고 칸마다 '+1~5, -1~5'를 표시합니다. 아이와 함께 만들어도 좋습니다.

2 아이에게 보드 판을 보여 주고, 주사위를 던져 나온 수만큼 이동해 빨리 도착하는 사람이 이기는 게임이라고 설명합니다.

3 각자 다른 색 블록을 '말'로 정합니다.

4 주사위를 던져 나온 수만큼 말을 옮깁니다.

5 보드 판에 적힌 수만큼 블록을 말 위로 쌓거나 떼어 내며 놀이합니다.

6 더하고 빼면서 블록의 개수가 어떻게 변하는지 아이와 이야기를 나눕니다.
"5개 있었는데 3개를 더해서 8개가 됐네."

😊 **TIP**

• 아이가 더하고 빼는 과정을 잘 이해하면, 도착 지점까지 블록을 더 많이 가진 사람이 이기거나 더 적게 가진 사람이 이기는 것으로 규칙을 바꾸어 놀이해도 좋습니다.

보호자 가이드 아이가 더하기와 빼기 개념을 어려워하면, 구체물(손으로 조작할 수 있는 사물)로 여러 번 반복해도 좋습니다. 아이가 충분히 이해한 후 게임을 시작해 주세요.

감정 표정 그림

'감정 스피드 퀴즈!(114쪽)', '말과 행동은 마음으로 연결된대(120쪽)', '내가 상상한 명화 속 주인공(222쪽)', '우리의 감정 이야기(226쪽)' 놀이를 할 때 활용하세요.

기뻐요	창피해요	걱정돼요	사랑해요	미안해요
반가워요	즐거워요	고마워요	슬퍼요	무서워요
놀라요	화나요	불쌍해요	미워요	부러워요
서운해요	당당해요	심심해요	궁금해요	억울해요

시간을 익혀요(1) 정시

인지 놀이

놀이 효과

신체	도구 조작
인지	이해력, 수학적 사고
관계	지시 따르기
언어	어휘
정서	성취감

놀이 소개

아이에게 시간을 처음 가르칠 때는 1시, 2시, 3시 등과 같은 '정시'부터 가르치는 것이 효과적입니다. 시간 개념은 그림이나 학습지 등으로 배울 수 있어요. 하지만 '시간을 익혀요(1) 정시'를 통해 집에 있는 시계를 직접 조작해 보면, 좀 더 정시를 쉽게 이해하고 읽을 수 있습니다. 아이의 일과를 시간표로 만들어 보고 이야기를 나누는 것도 시간 개념을 익히는 데 도움이 된답니다.

준비물

시계 교구 또는 건전지를 뺀 시계, 시계 그림을 그리고 숫자를 몇 개만 써서 만든 시계 활동지, 필기구, 전자시계

놀이 목표

일과를 시간과 연계해 생각해 볼 수 있어요.
시계를 보고 정시를 읽을 수 있어요.

1 시계 교구를 준비합니다. 교구가 없다면 집에 있는 시계를 활용해도
좋습니다.

2 오늘 일과를 떠올려 봅니다.
"아침을 먹은 시각은 언제일까? 어린이집(유치원)에 도착한 시각은 언제일까? 그 시각을 가리키는
숫자는 무엇일까?"

3 아이에게 시계를 보여 줍니다. 짧은 바늘은 시, 긴 바늘은 분을
가리킨다는 것을 설명합니다.

4 보호자가 시계로 시각(정시)을 가리키면,
아이가 말해 보도록 합니다. 아이가
가리키는 시각을 보호자가 맞혀도
좋습니다.

5 일어나는 시각, 밥 먹는 시각 등을
시침을 움직여 만들어 봅니다.

6 시간에 대해 익혔다면, 시계
활동지에 숫자와 바늘을
그려 넣어 시계를 완성해
봅니다.

😊 **TIP**

• 전자시계를 보고 읽는 연습도 해 봅니다.

• 자는 시각, 식사 시각, 간식 시각 등 정해진 시간에 하는 일상에
관해 이야기해 보고, 시간의 편리함을 알아봅니다. 일상에서도
시간을 활용해 'TV ○시까지 보기', '○시까지 놀기' 등 규칙을 정
해 봅니다.

보호자 가이드 교구가 아닌 진짜 시계는
아이가 조작하기 어려울 수 있어요. 시계
조작법을 차근차근 알려 주시고, 아이가 원
하는 시각을 가리킬 수 있게 도와주세요.

만5세 가게 놀이: 화폐 단위 말하기

인지 놀이

놀이 효과

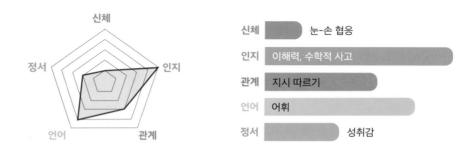

신체	눈-손 협응
인지	이해력, 수학적 사고
관계	지시 따르기
언어	어휘
정서	성취감

놀이 소개

이 시기의 아이들은 화폐에 대한 개념이 생겨서 새 장난감을 가지려면 장난감 가게에 돈을 지불해야 한다는 사실을 알게 됩니다. 하지만 아직 화폐 가치에 대한 개념이나 계산 능력이 부족해서 돈이 얼마나 필요한지, 돈을 어떻게 사용해야 하는지 모를 수 있어요. 특히 요즘에는 카드를 많이 사용해서 아이들이 화폐를 접할 기회도 많이 줄어들었지요. 아이는 '가게 놀이: 화폐 단위 말하기'를 통해 화폐와 물건을 교환하고 간단한 셈을 해 보면서 화폐의 종류와 각각의 가치를 자연스럽게 경험할 수 있답니다.

준비물

실제 화폐, 다양한 물건(과자, 사탕, 장난감 등), 포스트잇, 필기구, 안 쓰는 지갑, 저금통, 다른 나라 화폐

놀이 목표

화폐의 단위를 말할 수 있어요.

☺ 놀이 방법

1 아이에게 실제 화폐를 보여 주며, 화폐 단위를 알려 줍니다.
"이건 100원이야.", "이건 1,000원이야."

2 아이에게 "100원 주세요." 해서 동전과 지폐를 적절히 줄 수 있는지 활동해 봅니다.

3 과자나 사탕, 장난감 등 다양한 물건을 준비합니다. 아이가 배운 동전과
지폐의 단위로만 각 물건의 가격을 정한 후 포스트잇에 적어 붙입니다.

4 보호자가 사용하지 않는 지갑을 아이에게 주거나 직접 나만의
지갑을 만들어 화폐를 넣어 보도록 합니다.

5 보호자가 각 물건의 가격을 말하면, 아이는 사고
싶은 물건의 값을 화폐로 치르며 가게 놀이를
합니다.

6 놀이 후 저금통에 동전이나 지폐를 넣어
줍니다. 동전이나 지폐를 잘 모으면
원하는 장난감을 살 수 있다고 말하며
돈의 가치를 설명합니다.

☺ **TIP**

• 화폐의 숫자와 사람, 그림 등을 충분히 탐색한 후 놀이를 시작합니다. 그래도 아이가 어려워하면 10원, 100원, 1,000원 등 3가지 정도의 화폐만 제시합니다. 아이가 잘 이해하면 화폐의 종류를 점차 늘려 봅니다.

• 아이가 놀이를 잘 이해한다면, 100원짜리 동전과 10원짜리 동전을 합쳐 110원을 만드는 것처럼 단위가 다른 동전이나 지폐를 합쳐 볼 수 있습니다. 또한 100원짜리 동전을 2개 합쳐 200원이 되는 것처럼 같은 화폐 단위를 합치거나 나누며 다양한 조합을 만들어 볼 수 있습니다. 다른 나라 화폐는 우리나라 화폐와 무엇이 다른지 비교해 봐도 좋습니다.

보호자 가이드 이 시기의 아이들은 아직 수 개념이 약해 10과 100이 얼마나 차이가 나는지, 또 100과 1,000은 어느 정도 양인지 구분하기 어려워해요. 하지만 동전보다 지폐가 더 가치 있고, 원하는 물건을 사려면 얼마나 필요한지 경험함으로써 돈의 가치를 이해할 수 있답니다. 화폐 계산이 어려운 시기이니 10원, 100원, 1,000원 등 화폐 단위로 가격을 정해 놀아 주세요.

만5세 66~71개월 나만의 전화번호 북 만들기

인지 놀이

놀이 효과

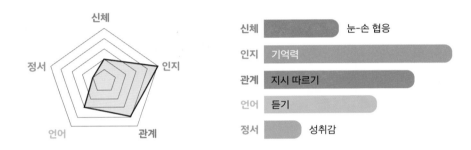

신체 — 눈-손 협응
인지 — 기억력
관계 — 지시 따르기
언어 — 듣기
정서 — 성취감

놀이 소개

아이의 안전을 위해서, 아이가 보호자의 연락처를 암기하는 것은 중요해요. 하지만 전화번호처럼 의미 없이 나열된 숫자를 외우는 것은 정말 어렵지요. 이럴 때 '나만의 전화번호 북 만들기'를 통해 노래나 만들기 활동을 하면, 좀 더 쉽게 전화번호를 외울 수 있어요. 이렇게 기억하는 것은 어떤 작업을 수행하기 위해 단기적으로 활용되는 작업 기억에 도움을 줍니다. 작업 기억은 정보를 기억하고 관리하는 능력으로 볼 수 있어요. 이는 이해력, 학습 능력, 추론, 조절력의 중요한 요인이 된답니다.

준비물
종이, 숫자 스티커, 색연필, 연필, 장난감 전화기

놀이 목표
보호자의 연락처를 기억할 수 있어요.

☺ 놀이 방법

1 아이에게 휴대폰을 보여 주며 전화를 하려면 번호가 필요하다는 것을 알려 줍니다. 아이가 혼자 떨어지거나 위험한 상황이 되었을 때 도움을 요청하려면, 보호자의 전화번호를 기억해야 한다고 설명합니다. 함께 전화번호 북을 만들자고 제안합니다.

2 가족의 전화번호를 확인하며 종이에 숫자 스티커를 붙여 전화번호 북을 완성합니다.

3 가족의 이름을 직접 쓰거나 그림을 그리며 전화번호 북을 다양하게 꾸며 봅니다.

4 장난감 전화기나 직접 만든 전화기로 전화를 거는 상상 놀이를 합니다. 또는 실제 휴대폰이나 전화기로 전화를 걸어 통화합니다.

☺ TIP

• 아이가 가족의 이름이나 숫자를 적는 것을 어려워한다면 보호자가 적어 주고, 아이는 읽어 보게 해도 괜찮습니다.

• 동요 <얼룩송아지> 가락에 보호자의 전화번호를 붙여 기억하는 활동을 해 봅니다. "공일공 일이삼사 오육칠팔 아빠 이름 ○○○ 아빠 닮았네.", "공일공 이삼사오 육칠팔구 엄마 이름 ○○○ 엄마 닮았네."

보호자 가이드 휴대폰 번호는 10~11개의 의미 없는 숫자로 이루어져 있어 아이가 기억하기 어렵습니다. 한 번에 기억하지 못하거나 힘들어한다고 해서 아이를 다그치지 말아 주세요. 놀이인 만큼 즐겁게 전화번호를 익혀 보고, 아이가 몇 개의 수라도 기억한다면 "이렇게 어려운 걸 기억해 냈구나!' 하며 칭찬해 주세요. 주기적으로 상기해 보지 않으면 잊기 쉬우므로 반복하는 것이 중요합니다. 자주 동요를 불러 보호자의 연락처를 잘 기억하도록 도와주세요.

깨어나라 미라

관계 놀이

놀이 효과

신체	감각 발달
인지	문제 해결력
관계	애착, 친밀감
언어	듣기
정서	감정 조절

놀이 소개

아이가 스스로 가치 있다고 느끼거나 사랑받는 느낌을 얻으려면, 안정적인 애착 형성이 이루어져야 해요. '깨어나라 미라'는 애착 증진을 위한 놀이 중 하나로, 퇴행적 경험을 제공합니다. 아이는 휴지에 둘러싸여 엄마 배 속에 있는 것처럼 다양한 감정을 경험할 수 있어요. 또 휴지를 뚫고 나오는 과정에서는 태어날 때의 모습을 떠올릴 수 있지요. 이러한 퇴행적 놀이 경험을 통해 보호자와의 친밀감을 재확인할 수 있답니다.

준비물

미라 사진 또는 그림, 두루마리 휴지

놀이 목표

보호자와의 친밀감이 깊어질 수 있어요.

🙂 놀이 방법

1 미라의 모습이 담긴 사진이나 그림을 찾아 아이에게 보여 줍니다.

2 아이에게 두루마리 휴지로 아픈 곳에 붕대 감기 놀이를 하자고 말합니다.

3 붕대를 온몸에 감으면 어떨지 이야기를 나누고, 미라로 변신해
보자고 제안합니다. 보호자가 아이 몸을 휴지로 감쌉니다.
눈, 코, 입을 휴지로 감싸면 숨 쉬기 어려울 수 있으므로
몸에만 휴지를 둘러서 미라처럼 만듭니다.

4 미라가 된 아이에게 "깨어나라!" 하고 주문을
외치면, 아이가 휴지를 뚫고 나오게 합니다.

5 이번에는 아이가 보호자 몸에 휴지를
감습니다. 아이가 혼자 하기 어려워하면,
팔을 어깨 쪽으로 올려 휴지의 끝부분을
잡아 감싸기 쉽게 돕습니다. 휴지를
천천히 돌리되 중간에 끊어지면
사이에 끼우라고 알려 줍니다.

6 미라가 된 보호자에게 아이가
"깨어나라!" 하고 외치면, 보호자가
휴지를 뚫고 나옵니다.

🙂 TIP

· 만 4세 관계 놀이인 '풍선 두 팔 농구'(『어떻게 놀아
줘야 할까 1』 참조)처럼 휴지를 뭉쳐서 두 팔 농구를
할 수 있습니다.

· 혹시 아이가 무서워한다면, 다른 가족 구성원과 함
께 감싸게 합니다. 예를 들어 보호자가 아이를 껴안
은 상태를 다른 가족 구성원이 휴지로 감싸는 식입
니다. 놀이 후 휴지는 다시 말아 재사용하면 환경적
부담도 줄어듭니다.

보호자 가이드 차분하고 따뜻한 목소리와 눈
빛으로 아이를 대해 주세요. "깨어나라!" 하는
외침과 함께 휴지를 뚫고 나왔을 때 기분이 어
땠는지 이야기를 나누어 보세요. 그때 느꼈던
아이의 감정을 존중해 주세요.

베스트 드라이버

관계 놀이

놀이 효과

신체	운동 계획
인지	주의력
관계	지시 따르기
언어	어휘
정서	성취감

놀이 소개

이 시기의 아이들은 사회적으로 정해진 약속, 지시와 규칙을 지키고 따르는 것, 다른 사람과 더불어 살아가는 것 등을 배웁니다. '베스트 드라이버'는 아이와 보호자가 각각 자동차, 운전자의 역할을 해 보면서 재미있게 지시와 규칙을 따르는 경험을 할 수 있는 놀이예요. 아이는 이 놀이를 통해 규칙과 질서를 지키는 것은 내 마음대로 하지 못해서 불편한 것이 아니라 모두가 안전하게 생활하도록 돕는다는 사실을 자연스럽게 배울 수 있답니다.

준비물

전기 테이프, 가위, 핸들 모양 장난감, 종이, 색연필, 안대

놀이 목표

규칙을 이해하고 적용하며 타인의 지시에 따를 수 있어요.

☺ 놀이 방법

1 전기 테이프로 바닥에 차선과 주차장 표시를 만듭니다.

2 아이와 보호자가 각각 자동차, 운전자 역할을 맡습니다.

3 아이와 함께 운전할 때 약속을 정합니다. 예를 들어 '왼쪽 어깨를 2번 두드리면 왼쪽으로 간다.', '오른쪽 어깨를 2번 두드리면 오른쪽으로 간다.', '허리를 간지럽히면 앞으로 간다.', '등을 두드리면 뒤로 간다.', '양쪽 어깨를 두드리면 정지한다.'처럼 정하면 됩니다.

4 "출발!" 소리와 동시에 "부릉부릉." 시동을 걸고 출발합니다. 아이가 놀이에 익숙해지면, '어린이 보호', '공사 중' 등의 표지판을 함께 만든 후 바닥에 붙여 운전 지시에 다양성을 더해 봅니다.

5 자동차와 운전자 역할을 바꿉니다.

☺ TIP

• 아이가 무서워하지 않으면, 안대를 끼고 운전할 기회를 줍니다. 타인의 지시만으로 움직여 보는 경험은 신뢰감 형성에 도움을 줍니다. 놀이 후 아이와 함께 베스트 드라이버 면허증을 만들어 봅니다.

보호자 가이드 아이들은 꼭 따라야 할 지시가 있다는 것을 알고 있지만, 기꺼이 따르지 못하는 순간이 많습니다. 그런데 놀이 규칙과 지시를 따르는 것은 아이들에게 즐거운 경험이 될 수 있어요. 반대로 스스로 지시하고 규칙을 제안해 보는 과정은 주도성을 기르는 귀한 경험이기도 합니다. 즐거운 놀이를 통해 지시와 규칙에 순응해 보는 기회를 제공해 주세요.

우리 가족 마그넷 타임

관계 놀이

놀이 효과

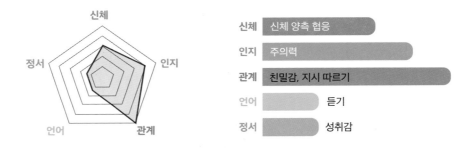

신체	신체 양측 협응	
인지	주의력	
관계	친밀감, 지시 따르기	
언어		듣기
정서		성취감

놀이 소개

관계의 발달은 다른 사람에 대한 관심에서 시작합니다. 서로를 이해하고 상대방과 협력해 조화롭게 지내는 과정이지요. 아이는 '우리 가족 마그넷 타임'을 통해 시트지가 상대방 몸의 어디에 붙어 있는지 관찰하고, 지시를 따르며 서로 협력해 몸을 지탱하게 돼요. 이 놀이는 상대방에게 관심을 가지고 협력하면서 친밀감도 높이는 데 도움이 된답니다.

준비물

모양 또는 색깔별 시트지, 캐릭터 스티커

놀이 목표

규칙에 대한 이해, 수용, 제안의 과정을 경험할 수 있어요. 신체적 접촉을 통한 친밀감을 형성할 수 있어요.

⌣ 놀이 방법

1 모양 또는 색깔별 시트지를 준비합니다. 예를 들면 3가지 모양 또는 색깔의 시트지를 가로세로 10cm 크기로 각각 4장씩 준비하면 됩니다.

2 아이에게 자석이 되어 같은 모양(색깔)의 시트지를 찾아 붙여 보는 놀이를 할 것이라고 말합니다.

3 아이에게 같은 모양(색깔)의 시트지를 보여 줍니다. 바닥에 시트지들을 놓아두고 "즐겁게 춤을 추다가~." 노래를 부르다가 모양(색깔) 이름을 외칩니다. 예를 들어 "하트!"라고 외치면, 하트 모양의 시트지를 찾아옵니다.

4 보호자와 아이의 어깨, 손바닥, 손등, 배, 허벅지, 무릎, 발등, 발바닥 등에 시트지를 붙입니다.

> 😮 **주의 사항** 스킨십이 잦으므로 어깨, 손바닥, 손등, 배, 허벅지, 무릎, 발등, 발바닥으로 부위를 제한하는 것이 안전합니다.

5 노래를 부르다가 보호자가 모양(색깔) 이름을 외치면, 아이와 보호자가 같은 모양(색깔) 시트지를 붙인 신체 부위를 맞대고 멈춥니다. 이번에는 아이가 모양(색깔) 이름을 외치면, 아이와 보호자가 같은 모양(색깔) 시트지를 붙인 신체 부위를 맞대어 봅니다.

6 음악에 맞춰 신나게 춤추다가 "하트, 별!"처럼 2가지 모양(색깔) 이름을 외치면, 아이와 보호자가 같은 모양(색깔)을 찾아서 서로의 몸을 지탱해 자석처럼 붙어 봅니다.

7 놀이 후 느낌을 이야기해 봅니다.

⌣ **TIP**

• 인원이 3명 이상일 경우, 서로 몸을 붙이고 우스꽝스러운 자세로 균형을 잡는 과정에서 즐거움이 커집니다. 시트지 대신 가로세로 10cm 정도 크기의 캐릭터 스티커를 사용해 캐릭터 이름을 외치는 것도 좋습니다.

보호자 가이드 아이가 규칙을 이해하고 놀이하면, 아이에게 모양(색깔)을 지정하거나 게임을 주도해 볼 기회를 주어도 좋아요.

내 말을 듣고 움직여 봐

관계 놀이

☺ 놀이 효과

신체	공간 지각
인지	주의력
관계	친사회적 행동, 지시 따르기
언어	듣기
정서	성취감

☺ 놀이 소개

이 시기의 아이들에게는 집단 내 규칙이나 지시에 순응하는 과정이 중요한 과업이에요. 내가 하고 싶은 것만 하는 게 아니라, 상황에 맞게 행동을 조절하면서 내 생각을 표현하는 주도성 발달의 기회이기 때문이지요. 아이는 '내 말을 듣고 움직여 봐'를 통해 주도적으로 지시하고 때로는 지시에 순응하면서, 규칙과 지시에 따르는 것을 좀 더 편안하게 받아들일 수 있답니다.

☺ 준비물

전지, 색연필

☺ 놀이 목표

타인의 지시에 순응하고, 적절하게 자신의 생각을 표현할 수 있어요.

☺ 놀이 방법

1 거실에 전지를 깔고 칸을 사방치기 판 모양으로 그립니다. 아이와 함께 칸을 다양하게 색칠하고, 숫자나 짧은 한글도 써 봅니다.

2 보호자와 아이가 각각 사방치기 판 끝에 마주 보고 서서 출발합니다. 맞은편의 상대방이 서 있던 곳에 도착하는 것이 목표입니다.

3 한 번씩 번갈아 가며 "왼발은 분홍색으로.", "오른손은 노란색에 닿기.", "'사랑해' 글자 위에 한 발로 3초 동안 서 있기."처럼 미션을 지시합니다.

4 중간에서 마주치거나 같은 칸에 서 있게 되는 경우, 서로 손을 잡아 지탱하면서 미션을 수행합니다.

☺ TIP

• 만 5세 관계 놀이인 '우리 가족 마그넷 타임' 후 공간을 정해 이 놀이를 접목할 수 있습니다.
　"빨간 칸 위에서 파랑, 파랑 붙어라!", "사랑해' 칸 위에서 노랑, 파랑 붙어라!"

보호자 가이드　아이가 지시를 내리는 것을 어려워할 수 있어요. 이럴 경우에는 아이와 함께 여러 가지 지시 사항을 미리 정리한 후 놀이를 진행하면 좋습니다.

나는야 애니메이션 작가

관계 놀이

놀이 효과

신체	도구 조작
인지	시지각
관계	친사회적 행동, 갈등 해결
언어	상황 언어
정서	주도성

놀이 소개

아이들은 역할 놀이를 할 때 자신의 경험을 재연하고 소망을 표현하기도 해요. 반면 보호자들은 아이의 역할 놀이에 집중하거나 흥미를 느끼기 어려울 때가 많지요. '나는야 애니메이션 작가'는 좋아하는 캐릭터를 통해 아이의 생각을 드러낼 수 있게 해 주는 놀이입니다. 보호자도 아이의 생각을 이해할 수 있는 즐거운 경험이 될 거예요.

준비물

종이, 색연필, 가위, 풀, 나무젓가락, 장난감

놀이 목표

자신의 관심사를 놀이로 표현하고, 이를 수용받는 경험을 할 수 있어요.

☺ 놀이 방법

1 아이가 좋아하는 애니메이션에 관해 이야기를 나누어 봅니다.

2 그 애니메이션에 어떤 캐릭터들이 있는지, 아이가 좋아하는 캐릭터와 그 이유는 무엇인지 이야기해 봅니다.

3 아이와 함께 캐릭터를 그려 막대 인형을 만들어 봅니다.

4 아이와 함께 역할 놀이에 필요한 공간이나 장난감들을 준비합니다.

5 캐릭터 막대 인형으로 역할 놀이를 합니다. 아이는 자신의 이야기를 표현해 보고, 보호자는 아이의 마음을 이해해 봅니다.

보호자 가이드 아이가 좋아하는 프로그램이나 주인공 등 보호자가 아이의 관심사에 조금만 귀 기울여 주면, 아이는 자신의 생각을 자유롭게 표현할 수 있게 됩니다. 아이가 만들어 가는 이야기를 온전히 받아들여 주세요.

어떻게 해야 할까?

언어 놀이

놀이 효과

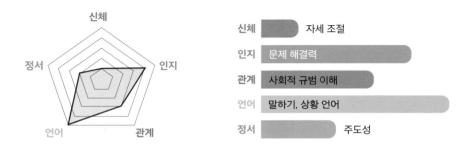

신체	자세 조절
인지	문제 해결력
관계	사회적 규범 이해
언어	말하기, 상황 언어
정서	주도성

놀이 소개

아이는 48~60개월부터 불이 난 경우처럼 일상적이지 않은 상황에서 어떻게 해야 할지 알게 됩니다. 아프면 병원에 가고 배가 고프면 식당에 가는 등 필요한 것을 얻기 위해 어디로 가야 하는지도 알게 돼요. 또 다음에 무슨 일이 일어날지 예측할 수도 있지요. '어떻게 해야 할까?'는 '왜-어떻게'와 같은 의문사 질문(정보 요구하기)에 대한 답을 하는 데 도움을 주는 놀이예요. 정보 요구하기에 대한 대답은 특히 문제 해결 능력과 연관이 높아 논리적 언어 표현에 도움을 준답니다.

준비물

관련 사진 또는 그림

놀이 목표

문제 상황을 이해하고 해결 방안을 언어로 표현할 수 있어요.

☺ 놀이 방법

1 놀이에 필요한 사진이나 그림을 미리 준비합니다. 먼저 아이가 좋아하는 직업군과 관련된 사진 (그림)을 준비합니다. 그리고 아이가 엄마를 잃어버려서 울고 있는 장면 또는 아이가 울고 있는 장면, 아이가 화장실에 가고 싶은데 위치를 모르는 장면, 선생님이 설명하는 내용을 아이가 이해하지 못하는 장면, 아이가 갑자기 배가 아픈 장면도 사진(그림)으로 준비합니다.

2 사진(그림)을 보고 먼저 누구인지, 무엇을 하는지부터 물어봅니다. 아이가 좋아하는 직업군과 관련된 상황이면 더 좋습니다. 아이가 경찰관을 좋아하면, 먼저 경찰관 사진(그림)을 보여 주며 "누구야?" 라고 질문합니다. 아이가 울고 있는 사진(그림)을 보여 주며 "무슨 일이지? 왜 우는 것 같아?"라고 물어볼 수도 있습니다.

3 아이가 상황을 이해했다면, 그 직업군의 사람에게 뭐라고 이야기할지 묻습니다. "경찰 아저씨한테 뭐라고 할 거야?", "아이가 엄마를 잃어버려서 울고 있구나. 그럼 어떻게 하면 될까?"

4 아이가 역할에 맞는 말을 했다면, 보호자가 그 말을 받아서 역할 놀이를 합니다. "꼬마야, 무슨 일이니? 아, 엄마를 잃어버렸구나. 혹시 엄마 휴대폰 번호 아니?"

5 역할을 바꿔서 놀이해 봅니다.

☺ TIP

• 역할 놀이를 통해서 문제 상황을 상상하고 이해하며 상황에 맞는 말을 해 보게 합니다. 예를 들어 친구가 떼를 쓰는 상황, 길을 잃어버린 상황 등을 가정하는 식으로 해 봅니다.

• 아이가 '왜-어떻게' 질문을 어려워한다면, 보호자가 대답의 예를 들어 이해를 도와줍니다. 아이가 상황을 이해하는 것을 어려워할 수도 있습니다. 이때는 아이의 경험을 예로 들고, 상황을 좀 더 자세히 설명하는 것이 좋습니다.

보호자 가이드 아이가 조금은 터무니없는 해결책을 제시할 수도 있습니다. 이럴 경우에는 "아니야, 그건 아니지."라고 반응하기보다는 "아, 그렇구나. ○○이 생각은 그렇구나."라고 반응한 다음, "엄마(아빠)의 생각은 이래."라고 하면서 조금은 현실성 있는 대답을 알려 주세요. 특히 안전과 관련된 해결 방안은 정확히 제시해 주는 것이 필요합니다.

종이컵 전화 놀이

언어 놀이

놀이 효과

신체	눈-손 협응
인지	기억력
관계	지시 따르기
언어	듣기, 말하기
정서	주도성

놀이 소개

취학 전 읽기 능력에 대한 많은 연구에서 읽기에 어려움이 있는 아동은 일반 아동보다 작업 기억 용량이 작은 것으로 보고되었습니다. 그중 '음운 단기 기억'은 숫자나 음절, 단어, 문장 등을 따라 하는 방법으로 기본적인 용량을 알 수 있어요. 따라서 이러한 발달을 자극하는 활동이 중요합니다. '종이컵 전화 놀이'는 아이가 음절을 얼마나 기억하는지, 얼마나 긴 문장을 기억하는지 확인할 수 있는 놀이예요. 이 놀이는 기억을 위한 주의 집중력, 전략 세우기, 문장 산출, 읽기 능력 향상에 도움을 준답니다.

준비물

색연필, 스티커, 종이컵, 구멍을 뚫을 수 있는 도구, 실, 가위, 스케치북, 필기구

놀이 목표

청각적 주의 집중력을 높일 수 있어요.

😊 놀이 방법

1 아이와 함께 색연필이나 스티커로 종이컵을 꾸밉니다. 실로 종이컵을 연결해 종이컵 전화기를 만듭니다.

😮 **주의 사항** 종이컵에 구멍을 뚫을 때는 보호자가 돕고, 뾰족한 물건은 미리 치웁니다.

2 보호자가 아이에게 전달할 문장을 스케치북에 적습니다. 글자를 보지 못하도록 스케치북을 뒤집습니다. 보호자는 종이컵 전화기에 대고 문장을 전달합니다. 아이는 종이컵 전화기를 귀에 대고 들어 보도록 합니다.

3 아이가 잘 들었는지 종이컵 전화기에 대고 말해 보도록 합니다. 보호자는 종이컵 전화기를 귀에 대고 아이의 말을 확인한 뒤 스케치북에 적은 문장과 비교해 봅니다.

4 서로 순서를 바꿔서 놀이를 진행해 봅니다. 아이가 먼저 말을 전달할 때는 스케치북에 문장을 적지 않아도 됩니다. 보호자는 아이가 한 말을 종이컵 전화기로 다시 들려줍니다. 그러면 아이가 듣고 이 말이 맞는지 아닌지 대답할 수 있도록 합니다.

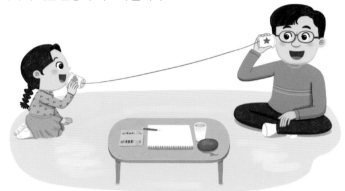

😊 TIP

- 처음에는 조금 긴 단어, 간단한 문장, 익숙한 문장으로 시작합니다.
"○○유치원 ○○반.", "엄마와 아빠는 우리 가족을 정말 사랑해."

- 아이가 놀이에 익숙해지면, 좀 더 긴 문장을 전하거나 말을 전달하는 인원수를 늘려 봅니다. 속담과 같은 어려운 문장을 이야기했다면, 그 뜻과 관련된 대화로 확장해 봐도 좋습니다.
"토끼와 거북이가 달리기 시합을 했는데 거북이가 질 줄 알았는데 이겼어.", "콩 심은 데 콩 나고 팥 심은 데 팥 난다."

- 아이가 여러 명일 경우에는 팀을 짜서 놀이를 진행해도 좋습니다. 아이들을 한 줄로 앉히고 보호자가 귓속말로 문장을 전달합니다. 마지막까지 문장을 정확히 전달한 팀이 이깁니다.

보호자 가이드 아이에게 같은 문장을 여러 번 반복해서 들려주어야 할 수도 있습니다. 보호자 입장에서는 번거로울 수 있지만, 그래도 반복할 때마다 처음과 똑같은 마음가짐과 목소리 톤으로 들려주세요.

나는 스포츠 캐스터

언어 놀이

놀이 효과

신체	운동 계획
인지	주의력
관계	친사회적 행동
언어	듣기, 상황 언어
정서	주도성

놀이 소개

이 시기의 아이들은 '가장 큰', '가장 긴'처럼 비교 형태를 쓰고, 다양한 문법을 사용해 문장을 표현해요. 또 대화 주제 개시하고 유지하기, 주제 확장하기, 이야기 전달하기 능력 등이 발달하지요. '나는 스포츠 캐스터'는 서로 번갈아 가며 행동을 설명하기 때문에 대화 차례를 기다리고 설명하는 화용 기술을 키울 수 있는 놀이예요. 이 놀이는 재미있고 다양한 언어 표현력을 기를 수 있도록 돕는답니다.

준비물

거울, 장난감 마이크

놀이 목표

다른 사람의 행동을 언어로 잘 설명하고, 자신의 차례를 기다릴 수 있어요.

😊 놀이 방법

1 아이와 나란히 앉아서 운동의 종류를 찾아보거나 영상을 함께 봅니다.

2 아이에게 어떤 운동선수가 되고 싶은지, 그 이유는 무엇인지 이야기를 나눕니다.
"○○이는 축구 선수가 되고 싶구나. 왜 축구 선수가 되고 싶어?"

3 어떤 운동선수를 할 것인지 이야기가 되었다면, 거울을 보고 나란히 서거나 마주 보고 섭니다. 아이가 운동선수가 된 것처럼 행동해 볼 수 있도록 합니다.

4 보호자는 아이가 행동할 때마다 캐스터처럼 중계해 줍니다. 예를 들어 아이가 공을 몰고 가다 골 넣는 시늉을 하면, "네, ○○○ 선수. 상대편 선수들을 제치고 골대 앞까지 왔습니다. 슛~ 골입니다!"라고 말해 줍니다.

5 보호자와 아이가 역할을 바꾸어 봅니다.

골입니다!

😊 TIP

- 보호자가 먼저 어떻게 하는 것인지 모델 역할을 하면서 중계합니다. 처음에는 거울을 보고 보호자의 움직임을 설명합니다. 그런 후 보호자가 운동하는 시늉을 설명하는 것으로 확장할 수 있습니다.
- 아이가 운동선수를 흉내 내는 것을 어려워한다면, 거울을 보고 아이의 행동을 설명하는 것으로 대체합니다.
"손을 올립니다. 손을 내립니다. 다리를 올립니다. 점점 더 빨라집니다. 입이 점점 커집니다."

> **보호자 가이드** 아이가 차례를 기다리는 것을 지루해할 수 있습니다. 자기 차례가 아니면 "지금은 내가 말할 차례야. 조금만 기다려 줘."처럼 아이가 기다릴 수 있게 설명해 주세요.

메뉴판 만들기

언어 놀이

놀이 효과

신체	도구 조작
인지	시지각
관계	지시 따르기
언어	쓰기, 상황 언어
정서	성취감

놀이 소개

현재 공식적인 국어 교육은 초등학교 1학년부터 시작되지만, 읽기 교육은 가정, 어린이집, 유치원에서도 이루어지고 있습니다. 실제로 유치원 아동의 읽기와 쓰기 능력을 살펴본 연구에서 의미를 가지고 있고 소리 나는 대로 읽고 쓰는 단어들은 대부분 해독할 수 있었다고 보고되었어요. '메뉴판 만들기'는 읽고 쓰는 활동을 재미있게 하는 데 도움이 되는 놀이랍니다.

준비물

메뉴판 틀, 간식 그림 또는 사진, 가위, 풀, 필기구, 스케치북, 아이가 좋아하는 간식

놀이 목표

글자를 보고 정확하게 쓸 수 있어요.

108

☺ 놀이 방법

1 아래와 같이 메뉴판 틀을 준비합니다. 이 틀에 먼저 아이가 좋아하는 간식 그림이나 사진을 잘라서 붙입니다.

```
               메뉴판
  내가 좋아하는   엄마가 좋아하는   아빠가 좋아하는
```

2 보호자가 메뉴판에 붙인 간식 그림이나 사진 밑에 글자를 씁니다. 또는 글자가 나오게 찍은 사진을 준비합니다.

3 아이에게 그대로 따라 써 보라고 하면서 간식 메뉴판을 꾸밉니다.

4 다 만든 메뉴판으로 카페나 마트 역할 놀이도 할 수 있습니다.

☺ TIP

• 만 5세 인지 놀이인 '마트에 가요(2)', 만 6세 관계 놀이인 '주문할 게요'와 연계할 수 있습니다.

• 처음에는 아이가 보고 따라 쓸 수 있는 메뉴에서 점점 사진에 글자 힌트가 없는 메뉴로 확장합니다. 아이가 먹고 싶은 간식을 정해 레스토랑 메뉴판처럼 스케치북에 적어 보이는 곳에 놓고, 그 간식을 놀이 후 상품으로 줍니다. 평소 아이가 좋아하는데 제한을 두었던 간식을 상품으로 거는 것도 좋습니다.

보호자 가이드 힘이 넘치고 활동성이 강한 아이는 앉아서 하는 활동을 어려워할 수 있습니다. 이럴 경우에는 먼저 아이가 좋아하는 놀이를 한 후 이 놀이를 하거나, 이 놀이를 딱 한 번만 한 뒤 아이가 좋아하는 놀이로 바로 전환하는 식으로 해서 점점 놀이 횟수나 시간을 늘려 주세요.

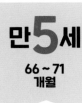

이야기 상상 박스

언어 놀이

놀이 효과

신체	자세 조절
인지	문제 해결력
관계	친밀감
언어	듣기, 말하기
정서	주도성

놀이 소개

이 시기의 아이들은 4가지 이상의 그림을 보고 설명하거나, 단어 몇 개로도 이야기를 만들어 말할 수 있어요. 그런데 이야기를 잘 만들고 말하려면, 언어와 다양한 지식도 갖춰야 합니다. '이야기 상상 박스'는 아이가 잘 모르는 단어는 없는지, 말하는 것을 어려워하지는 않는지 확인하면서 능력을 키워 주는 놀이예요. 이 놀이는 상상력과 표현력이 풍부한 아이로 성장하는 데 도움이 될 수 있답니다.

준비물

상자, 종이, 필기구

놀이 목표

보호자와 상상한 이야기를 주고받을 수 있어요.

☺ 놀이 방법

1 상자 안에 단어(예: 바나나, 포도, 딸기, 고래, 마트 등)나 책 제목을 적은 종이를 넣습니다. 아이와 이야기하는 과정을 녹음 또는 녹화해도 좋습니다.

2 아이에게 이야기를 만들어서 주고받으며 말하는 놀이를 할 것이라고 설명합니다.

3 아이가 상자 안에 들어 있는 종이를 뽑습니다. 종이에 적힌 단어나 책 제목을 보고 이야기를 시작합니다. 처음에는 이야기를 짧게 해도 된다고 격려합니다. 아이가 망설이면 보호자가 먼저 시범을 보입니다. "바나나→바나나가 걸어가고 있어.→바나나가 길을 잃었대.→바나나는 너무 속상해서 울었어.→바나나는 "엄마!" 하고 소리쳤대.→멀리서 엄마가 오고 있어.→바나나는 울음을 멈추고 엄마에게 뛰어갔어.→바나나는 엄마를 꼭 안았어.→바나나는 혼자 다니지 않겠다고 말했어.→엄마는 바나나를 꼭 안아 주었어."

4 단어로 이야기를 충분히 나누었다면 평소 즐겨 읽은 책 이야기를 상상해서 자유롭게 바꿔 보거나, 마지막 부분만 자유롭게 바꿔서 이야기를 나누어 봅니다.
『토끼와 자라』→옛날 옛날 바닷속에 용왕님이 살았어요→용왕님은 친구가 필요해서 많이 아팠어요→자라는 용왕님의 친구를 찾아 주기로 했어요→자라는 문어도 만나고 불가사리도 만났어요→그런데 모두 용왕님이 무섭고 싫다고 했어요→자라는 육지로 나갔어요→자라는 토끼를 만났어요→자라는 토끼에게 용왕님의 친구가 되어 달라고 했어요→토끼는 뭐라고 말했을까요?"

5 어느 정도 이야기를 주고받았으면, "이야기가 너무 웃기고 재미있는데?"처럼 같이 말하고 마무리합니다. 보호자는 녹음이나 녹화한 것을 보고 다양한 방법으로 기록합니다.

내가 스파이더

놀이 효과

신체	공간 지각	
인지		위치 지각
관계	친사회적 행동	
언어		듣기
정서	감정 조절, 주도성	

놀이 소개

아이들은 대개 부정적인 감정은 표현하면 안 된다고 생각합니다. 하지만 편안한 분위기에서는 안심하고 자신의 감정을 표현할 수 있어요. '내가 스파이더'는 감정을 편안하게 해소하는 데 도움이 되는 놀이입니다. 아이는 실을 마음껏 풀어내고 가위로 다양하게 자르면서 심리적 이완과 해소를 누릴 수 있답니다.

준비물

의자, 털실 타래, 종이, 색연필, 테이프, 가위

놀이 목표

타인과 협동하는 과정을 경험하고, 부정적인 감정을 해소할 수 있어요.

☺ 놀이 방법

1 의자를 늘어놓을 수 있는 공간을 마련합니다. 주변의 장애물을 치웁니다.

2 아이에게 집 안에 거미줄을 칠 것이라고 말합니다. 우리가 거미가 되고 털실이 줄이라고 설명한 다음 놀이 방법을 소개합니다.

3 의자 5개를 적당히 떼어 놓고 아이에게 털실을 줍니다. 아이와 보호자가 각자 자신의 실을 풀어서 이 의자, 저 의자로 이동하며 얼기설기 실을 엮습니다.

4 얽힌 실로 거미줄이 완성되면 거미가 좋아하는 음식, 거미가 된 아이가 좋아하는 음식이나 놀이 등을 종이에 그려서 붙입니다.

5 거미줄을 기거나 엎드려서 통과하고, 서로 잡으러 다니기 놀이를 합니다. <거미가 줄을 타고 올라갑니다> 노래를 부르며 비가 온다고 말한 다음, 가위로 거미줄을 다 잘라 마무리합니다.

주의 사항 가위로 실을 자를 때 안전에 주의합니다.

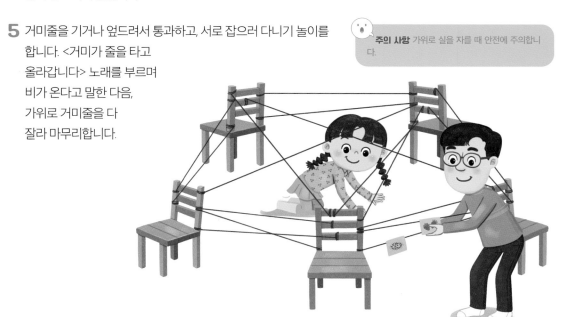

☺ **TIP**

• 거미줄에 아이가 없애 버리고 싶은 것들을 적어서 붙이고, 보호자와 함께 자르게 해 보아도 좋습니다.

보호자 가이드 가위로 무언가를 마음대로 자르는 것은 스트레스 해소에 도움이 됩니다. 다만 안전에 관해 먼저 이야기하고 함께 잘라 주세요.

감정 스피드 퀴즈!

정서 놀이

☺ 놀이 효과

신체	운동 계획
인지	이해력
관계	조망 수용
언어	어휘
정서	감정 어휘, 공감

☺ 놀이 소개

이 시기의 아이들은 다른 사람의 표정을 보고 기분을 파악해요. 또 다른 사람이 겪는 상황에서는 어떤 감정이 들지 유추하는 능력도 발달하지요. 아이는 '감정 스피드 퀴즈!'를 통해 감정과 표정, 상황을 연결해 표현함으로써 타인의 감정 읽기를 자연스럽고 즐겁게 연습할 수 있을 거예요.

☺ 준비물

감정 표정 그림(85쪽 참조)

☺ 놀이 목표

감정과 어울리는 표정과 상황을 설명할 수 있어요.

☺ 놀이 방법

1 감정 표정 그림(85쪽 참조)을 보면서 보호자와 아이가 각각 마음에 드는 그림을 5개씩 고릅니다.

2 순서를 정해 번갈아 가며 문제를 내기로 합니다.

3 "이 감정일 때 ○○한 표정을 짓습니다."라고 표정 힌트를 준 다음, "나는 ~할 때 이런 마음이 들어요."라고 감정에 따른 힌트 2가지를 제시합니다.

4 제시된 표정과 감정 힌트를 듣고 어떤 감정인지 맞혀 봅니다.
5문제를 더 빨리 맞히는 사람이 이깁니다.

☺ TIP

• 만 5세 정서 놀이인 '마음 탐정단' 이후 확장해 진행할 수 있습니다.

보호자 가이드 아이는 이 놀이를 통해 타인의 표정과 행동에 어떠한 감정이 담겨 있을지 유추하고, 상황에 따라 보편적으로 느끼는 감정이 있음을 알게 돼요. 반면 감정은 주관적이기 때문에 아이가 상황과 감정을 적절하게 연결하지 못했을 때 "에이, 그건 아니지!"라고 말하기보다는 "○○이는 그렇게 느끼니? 그렇구나. 엄마(아빠)는 이런 상황에 이런 감정들을 느끼기도 해."라고 알려 주는 것이 좋습니다.

감정 나무 만들기

정서 놀이

놀이 효과

신체	눈-손 협응
인지	기억력
관계	친밀감
언어	말하기
정서	자기 감정 인식, 감정 조절

놀이 소개

이 시기의 아이들은 즐겁고 행복한 기분이나 자랑스러움에 대해 잘 표현해요. 반면 부정적인 감정들은 부끄러워하거나 숨기려 하지요. '감정 나무 만들기'는 긍정적인 감정이든 부정적인 감정이든 모두 자연스러운 감정임을 보호자의 경험을 통해 일러 줄 수 있는 놀이예요. 아이도 자기 경험을 적절히 표현하며 자신에게 필요한 것이 무엇인지 알 수 있답니다.

준비물

도화지, 색연필

놀이 목표

한 가지 상황에서 여러 감정이 느껴질 수 있음을 이해할 수 있어요.

1 아이와 오늘 하루를 지내면서 기억에 남은 일에 관해 이야기를 나눕니다.

2 보호자가 겪은 일에 관해서도 말해 줍니다. 그런 후 하나의 사건에는 다양한 감정이 들어 있음에
관해 이야기합니다.
"속상하기도 했지만, 도대체 왜 그런 건지 궁금한 마음도 들었어."

3 아이와 보호자가 각자 도화지에 나무 한 그루를 그립니다. 아이와 나눈 이야기를 바탕으로 각자
이야기에 맞는 감정 용어를 선택해 나무 이름을 짓고 (예: 행복 나무, 서운한 나무, 용기 나무, 지루한
나무 등) 나무를 꾸며 봅니다. 나무에게 주고 싶은 선물이나
필요한 도움, 주변에 있었으면 하는 것들을 함께 그려
넣습니다.

4 각자 자신의 나무를 소개해
봅니다.

보호자 가이드 아이가 경험을 기억해서 말하는 것을 어려워할 수 있습니다. 이럴 경
우에는 보호자가 특정 상황에서 여러 감정을 느꼈던 경험을 아이 눈높이에 맞춰 이
야기해 주세요. 특히 이 시기의 아이들은 실수나 수치스러운 이야기는 곧잘 회피합
니다. 보호자가 그런 감정을 솔직히 표현하는 것도 큰 도움이 돼요.

마음 탐정단

정서 놀이

😊 놀이 효과

신체

정서　　인지

언어　　관계

신체	자세 조절
인지	문제 해결력
관계	조망 수용
언어	상황 언어
정서	감정 어휘, 타인 감정 인식

😊 놀이 소개

이 시기의 아이들은 같은 사건에 대해 서로 다른 감정이 들 수 있음을 알고, 그 감정을 행동보다 언어적으로 표현할 수 있어요. '마음 탐정단'은 다양한 상황 속에서 느낄 수 있는 감정과 생각을, 경험을 토대로 표현해 봄으로써 아이의 마음을 이해할 수 있게 해 주는 놀이입니다. 아이에게는 다양한 감정에 어떻게 대처할지 생각해 볼 수 있는 기회를 주지요.

😊 준비물

아이가 좋아하는 애니메이션 등의 이미지 컷, 사람 그림 또는 사진이 있는 책

😊 놀이 목표

상황에 맞는 감정을 알고 언어적으로 표현할 수 있어요.

😊 놀이 방법

1 아이가 좋아하는 애니메이션 등의 이미지 컷을 미리 캡처하거나 출력해 둡니다.

2 아이에게 이미지 컷을 보여 줍니다.

3 이미지 컷을 보고 아이가 상상한 것을 들어 보며, 상황에 따른 기분이나 생각이 어땠을지 이야기를 나눕니다.
"이 사람은 누구일까?", "이 사람은 지금 어떤 상황일까?", "이전에 어떤 일이 있었을까?", "지금 이 사람의 마음은 어떨까?", "왜 그렇게 생각했니?"

4 사람 그림이나 사진이 있는 책을 보며 상황과 기분을 추리하는 탐정이 되어 봅니다. 아이와 이야기 나눈 상황들을 토대로 감정들을 제시해 주고, 어떤 상황에 이런 감정이었을지 그림이나 사진을 고르게 합니다. 도움이 필요한 상황이 있다면 어떻게 해결하면 좋을지 상상해 이야기를 나누어 봅니다.

보호자 가이드 상황을 인식하고 그때 느꼈을 감정을 표현하는 놀이는 평소 아이가 실제 경험을 표현할 수 있게 하는 계기가 돼요. 아이에게는 애니메이션 주인공이나 의인화된 다른 대상을 통해 감정을 표현하는 것이 더 자연스러울 수 있습니다. 따라서 "너도 그랬어?", "언제 그런 적 있었어?"라고 캐묻기보다는 "아, 그랬겠다! 이 친구는 지금 그런 마음이겠구나. 맞아."라고 공감해 주세요. 그러면 아이는 자신을 대입해 공감을 받는 기분이 들 거예요.

만 5세 66~71 개월

말과 행동은 마음으로 연결된대

정서 놀이

놀이 효과

신체	눈-손 협응
인지	이해력
관계	갈등 해결
언어	상황 언어
정서	자기 감정 인식, 감정 조절

놀이 소개

인지 행동 치료 이론에 따르면, 생각(인지), 행동, 감정은 서로 밀접하게 관련이 있다고 해요. '말과 행동은 마음으로 연결된대'는 다른 사람의 말과 행동이 나의 생각과 감정에 연결되고, 나의 말과 행동이 다른 사람의 생각과 감정에 연결된다는 것을 자연스럽게 알려 주는 놀이랍니다.

준비물

상황 카드, 색연필, 감정 표정 그림(85쪽 참조)

놀이 목표

말과 행동은 감정과 연결되어 서로에게 영향을 줄 수 있음을 이해하고, 상황에 따라 적절하게 표현할 수 있어요.

1 상황 카드를 미리 준비합니다. '너 옷 되게 이상하다.', '너는 이것도 못 그려?', '나는 너를 싫어해.', '불편하게 해서 미안해.', '도와주어서 고마워.', '너랑 같이 놀아서 기뻐.' 등 일상생활에서 사용하는 다양한 언어적 표현을 종이에 적거나 인쇄합니다.

2 아이에게 카드의 내용을 들려줍니다. 이 말을 들었을 때 아이의 마음이 어떠할 것 같은지 생각해 보고, 색깔로 표현하며 카드를 색칠해 봅니다.

3 카드를 칠한 색깔의 이유에 관해 이야기를 나눕니다. 그런 후 다른 사람의 말과 행동이 우리 마음에 변화를 준다는 것에 관해서도 이야기해 봅니다.
"○○이가 유치원에 갔는데 친구를 만났어. 그때 친구가 반갑게 인사하며 손을 잡아 주면 마음이 너무 행복해지지. 그런데 친구가 인사도 없이 쓱 들어가 버리면 서운한 마음이 들기도 해. 어떤 말을 듣고 어떤 행동과 표정을 보았느냐에 따라 우리의 마음도 영향을 받는대."

4 아이와 일상 속에서 들어 본 말과 본 행동 중 기억에 남는 것이 있는지 이야기를 나누어 봅니다. 그 말과 행동은 어떤 감정으로 연결될 것 같은지 감정 표정 그림(85쪽 참조)에서 찾아보도록 합니다.

5 다른 사람의 말과 행동은 우리 마음에 영향을 준다는 사실에 관해 이야기를 나눕니다.
"○○이가 '엄마(아빠) 사랑해.'라고 말하면 엄마(아빠)가 힘들었다가도 힘이 나는 것처럼 누군가의 말과 행동에 따라 우리의 마음은 바뀌어. 물론 다른 사람들을 배려해서 내 생각을 무시하고 좋은 말과 행동만 할 수는 없어. 하지만 내가 하는 말과 행동이 다른 사람에게 어떤 영향을 줄지 생각해 보면 좋을 것 같아."

보호자 가이드 아이에게 어떤 말을 할지 말지 알려 주기보다, 아이가 그 말을 들었을 때 어떨지 스스로 생각할 기회를 주는 것이 더 좋습니다. 자신의 생각을 솔직하게 표현하는 것은 중요하고 좋은 모습이지만, 상대방의 마음을 배려하는 것도 중요한 일임을 아이에게 알려 주세요.

3장

만 6세(72~77개월)

친구들과의 시간이 즐겁고,
몸과 마음이 한 뼘 더 자라요

아마존 탐험대

신체 놀이

놀이 효과

신체	신체 양측 협응, 운동 계획
인지	문제 해결력
관계	지시 따르기
언어	어휘
정서	성취감

놀이 소개

운동 기술의 발달은 인지, 연합, 자율의 3단계로 이루어집니다. 이 과정은 역동적으로 끊임없이 상호 작용하지요. 우리는 움직임을 수행하기 위해 필요한 운동 기술을 배우고, 수행을 통해 이를 더 발달시키며, 오류를 줄여 나가면서 보다 기능적으로 움직임을 수행할 수 있게 돼요. '아마존 탐험대'는 집에 있는 도구들을 활용해서 길을 만들고 신나는 정글 탐험을 떠나 볼 수 있는 놀이입니다. 도구에 따라 규칙도 달라져요. 아이는 규칙에 따라 탐험하면서 움직임을 계획하는 방법을 익힐 수 있답니다.

준비물

이동 경로로 활용할 다양한 물건(이동 가능한 소가구, 발 매트 또는 쿠션, 종이, 털실, 양말, 바구니 등), 마스킹 테이프, 스티커

놀이 목표

정해진 경로를 규칙에 맞게 이동할 수 있어요.

<smiley> **놀이 방법**

1 아이가 이동할 전체 동선을 확인합니다.

2 아이와 함께 집의 구조나 도구에 맞게 길을 만들어 봅니다. 출발과
도착 지점을 표시하고, 이동 규칙도 함께 정해 봅니다.(예: 의자
징검다리 – 발 매트 또는 쿠션 – 사방치기 – 거미줄(방의 입구
활용) – 양말을 던져 바구니에 골인하기 – 간단한 신체 미션(발로
양말 벗기, 벽에 발 올리고 물구나무서기, 벽에서 푸시 업 등))

<smiley> **주의 사항** 아이가 이동 중에 넘어질 수 있으므로
미끄러운 재질의 가구나 도구는 피합니다. 미끄러지
지 않게 맨발로 활동에 참여하게 합니다.

3 손등에 스티커를 붙이고 구조화된 길을 따라 이동합니다.

4 도착 지점에 스티커를 붙입니다.

<smiley> **TIP**

• 아이가 구조화하는 것을 어려워하면, 보호자가 미리 공간을
구조화하고 아이를 참여시킵니다. 아이의 수행 정도에 따라
경로를 축소하거나 연장합니다.

보호자 가이드 아이와 함께 이동 경로를
만들어 보세요. 그러면 아이는 놀이를 구조
화하는 기술을 습득할 수 있답니다.

반짝반짝 보물찾기

신체 놀이

놀이 효과

신체	공간 지각, 도구 조작
인지	주의력
관계	지시 따르기
언어	듣기
정서	성취감

놀이 소개

시각은 아이가 무엇을 보고 무엇에 집중해야 하는지 선택하고 거르는 것을 돕습니다. 시각 기술의 발달은 사물의 크기, 모양, 그리고 공간 관계(공간에서의 위치) 판단을 돕는데, 아이는 이 시각 기술에 의존해 주변 환경을 배우고 조직하지요. 또 시각 자극을 단순화하는 방법을 통해 과잉 반응하는 아이가 안정적인 상태가 되도록 도울 수 있어요. 아이는 '반짝반짝 보물찾기'를 통해 공간을 탐색하고, 단서들을 발견해 나갈 수 있답니다.

준비물

야광 팔찌 만들기 재료(야광 스틱, 팔찌 부속품 등), 손전등

놀이 목표

공간 안에 숨겨진 반짝이는 사물을 찾을 수 있어요.

😊 놀이 방법

1 '야광'이란 어두운 곳에서 빛이 나는 것이라고 설명합니다. 야광 팔찌를 만들어서 이것을 찾는 놀이를 할 것이라고 말해 줍니다.

2 다음과 같은 방법으로 야광 팔찌를 만듭니다.
① 야광 스틱을 조금씩 꺾어 주면 부분적으로 야광이 생기기 시작합니다.
② 야광 스틱을 바닥에 놓고 두드리면 야광이 골고루 퍼져 나갑니다.
③ 야광 스틱 끝에 팔찌 부속품을 고정해 동그랗게 만듭니다.

> 😮 **주의 사항** 야광 팔찌에 과도하게 힘을 주면 야광이 새어 나올 수 있으므로 주의합니다.

3 야광 팔찌를 숨길 사람과 찾을 사람을 정합니다. 찾을 사람이 숫자를 세는 동안 나머지 사람이 야광 팔찌를 방 안에 숨깁니다. 이때 찾을 사람이 방 안을 보지 않도록 규칙을 알려 줍니다.

4 방에 불을 끄고 야광 팔찌를 찾습니다. 간단한 힌트 미션을 수행하면 숨겨진 곳에 대해 힌트를 얻을 수 있습니다. 힌트 미션으로는 한 발로 10초 서기, 벽에 발을 기대어 물구나무서기, 특정 물건 찾아오기 등을 제시할 수 있습니다.

😊 TIP

• 아이가 어두운 것을 무서워하거나 혼자서 찾는 것을 어려워하면, 손전등을 준비하고 불을 끕니다. 보호자가 집 안에 있는 물건이나 가구 이름을 외치면, 아이가 손전등으로 그 사물을 비추어 찾습니다.

• 각자 숨길 공간을 정하고, 동시에 야광 팔찌를 숨기는 방식으로 진행해도 좋습니다. 서로 공간을 바꾸어 야광 팔찌를 찾아봅니다.

> **보호자 가이드** 아이가 불을 끄고 보물찾기를 하는 것이 무섭다고 한다면, 과감하게 놀이 방법을 바꿔 주세요. 놀이를 반드시 정해진 방법대로 할 필요는 없습니다. 아이와 함께 즐겁게 놀 수 있는 방법에 관해 이야기하고 새로운 방법을 찾아보세요. "어두운 게 무섭구나. 그럼 어떻게 하면 좋을까? 우리 같이 고민해 보자."라는 식으로 말이지요.

미션 무궁화 꽃이 피었습니다

신체 놀이

놀이 효과

신체	신체 양측 협응, 운동 계획
인지	문제 해결력
관계	지시 따르기
언어	어휘
정서	성취감

놀이 소개

귀에 들린 소리의 의미를 지각하는 것을 '청지각'이라고 해요. '미션 무궁화 꽃이 피었습니다'에서 술래가 "○○ 꽃이 피었습니다."라고 말하면, 술래가 아닌 사람들은 이를 듣고 규칙에 맞게 몸을 움직입니다. 이때 청지각과 움직임을 계획하는 기술이 필요해요. 청지각은 다른 사람들과 함께 놀이하거나 학습을 할 때도 중요한 요소랍니다.

준비물

종이, 필기구

놀이 목표

동물의 특성에 맞는 자세를 취할 수 있어요.

😊 놀이 방법

1 놀이 전, 동물들이나 곤충들이 어떻게 이동하는지 미리 이야기하고 자세를 만들어 봅니다.

2 아이에게 '무궁화 꽃이 피었습니다'의 기본 규칙을 설명하고, 오늘은 술래가 말하는 동물이나 곤충 동작으로 멈춰야 한다고 알려 줍니다. 예를 들어 술래가 "개구리 꽃이 피었습니다."라고 말하면, 개구리 자세로 멈추면 됩니다.

3 술래를 정합니다. 술래는 벽 앞에 서고, 나머지 사람들은 술래와 3~5m 정도 떨어진 곳에서 출발합니다. 술래가 벽을 보고 눈을 감은 채 "○○ 꽃이 피었습니다."라고 외친 후 뒤를 돌아봅니다.

4 술래가 아닌 사람들은 술래가 지정한 동물이나 곤충의 자세를 취하며 술래를 향해 조금씩 다가갑니다. 술래가 뒤를 돌아봤을 때 적절한 자세를 취하지 못하거나 움직인 사람은 술래와 손을 잡거나 손가락을 걸고 있어야 합니다.

5 술래가 아닌 사람들은 술래와 가까워지면 술래에게 잡혀 있는 사람의 손을 톡 쳐서 끊어 줍니다. 동시에 술래의 등을 살짝 치고 빠르게 반대편으로 달려갑니다. 이때 술래는 도망가는 사람들을 쫓아갑니다. 술래에게 잡힌 사람이 다음 술래가 됩니다.

개구리 꽃이 피었습니다~

😊 **TIP**

• 여러 장의 종이에 동물이나 곤충 이름을 쓴 후 보이지 않게 접어 둡니다. 술래가 어떤 동물이나 곤충을 말해야 할지 어려워한다면, 준비해 둔 종이 가운데 하나를 뽑아서 결정하도록 합니다.

보호자 가이드 "○○ 꽃이 피었습니다."를 빨리 외치다가 갑자기 느리게도 외쳐 보세요. 이렇게 변화를 주면서 언제 움직여야 할지 예측하기 어렵게 난이도를 조정해 보세요.

신문지 겨루기

신체 놀이

놀이 효과

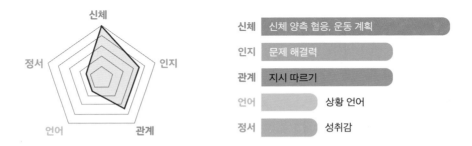

신체	신체 양측 협응, 운동 계획
인지	문제 해결력
관계	지시 따르기
언어	상황 언어
정서	성취감

놀이 소개

무거운 것을 밀고 당기기, 철봉에 매달리기, 스트레칭 등은 우리 몸의 고유 감각을 활성화하는 활동입니다. 아이는 '신문지 겨루기'를 통해 근육에 힘을 주거나 근육을 길게 늘이는 활동을 할 수 있어요. 이를 통해 몸을 어떻게 움직여야 하는지, 도구를 조작할 때 얼마나 힘을 주어야 하는지 보다 명확하게 인식할 수 있답니다.

준비물

신문지, 테이프, 색종이, 가위, 풀

놀이 목표

자세를 유지하면서 신문지 겨루기를 할 수 있어요. 힘의 세기를 조절할 수 있어요.

☺ 놀이 방법

1 아이에게 누구의 막대가 더 튼튼한지 대결하자고 말하며 놀이 방법을 설명합니다.

2 보호자와 아이는 각자 신문지를 돌돌 말아서 막대 모양으로 만듭니다. 두 막대를 서로 교차한 후 자신이 만든 막대의 양 끝을 잡고 대결을 시작합니다. 한 번에 여러 개의 막대를 만들어 사용하기보다 매번 경기가 끝난 후 어떻게 하면 더 튼튼한 막대를 만들 수 있을지 고민해 보면서 새로운 막대를 만들어서 사용합니다.

3 다시 신문지 막대를 만들어서 대결합니다. 5판 3선승제와 같은 규칙을 적용하면서 경기를 반복합니다.

4 경기가 끝난 후 어떻게 힘을 주어야 이기는지 이야기해 봅니다.

☺ **TIP**

- 신문지 장수를 달리해 난이도를 조정할 수 있습니다.
- 신문지 격파 놀이를 해 봅니다. 신문지 한 장을 2번 접습니다. 접은 신문지의 양 끝을 보호자가 팽팽하게 잡아 주면, 아이가 이를 격파해 봅니다. 신문지를 더 단단하게 접어 점점 강도를 높여서 격파해 봅니다.
- 신문지를 돌돌 말아서 테이프로 끝을 고정해 막대 모양을 여러 개 만듭니다. 이것으로 텐트의 뼈대를 만듭니다. 뼈대 위에 신문지를 덮어서 텐트를 만듭니다. 색종이를 오려 붙여 텐트를 꾸밉니다.

보호자 가이드 '신문지 겨루기'에서 이기려면 무조건 힘을 세게 주는 것이 아니라 힘을 잘 조절해야 합니다. 아이가 대결을 어려워하면, 신문을 쥐는 법과 힘을 주는 법을 알려 주세요.

내 나이만큼 한 발 뛰기해요

신체 놀이

놀이 효과

신체	운동 계획, 공간 지각	
인지	문제 해결력	
관계		지시 따르기
언어	듣기	
정서		성취감

놀이 소개

아이가 새로운 동작을 배워서 능숙해지려면 여러 차례 반복해야 해요. '내 나이만큼 한 발 뛰기해요'를 통해 연속적인 동작을 반복적으로 수행하면, 신체 양측의 협응과 움직임 조절 능력을 향상시킬 수 있답니다.

준비물

마스킹 테이프, 가위

놀이 목표

한 발 뛰기, 두 발 뛰기를 해 앞으로 이동할 수 있어요.

☺ 놀이 방법

1 바닥에 마스킹 테이프로 출발선을 만듭니다.

2 아이와 나이에 관해 이야기를 나눕니다. 나이 수만큼 점프를 해
보자고 말합니다.

💭 **주의 사항** 점프하다가 물건에 부딪치지 않도록 미리 주변을 정리합니다.

3 활동 전에 스트레칭이나 제자리에서 가볍게 뛰기 등 준비 운동을 합니다. 보호자가 먼저 한 발 뛰기와
두 발 뛰기 시범을 보입니다.

4 아이에게 기본 규칙을 설명합니다. 출발선 뒤에서 시작하며, 나이
수만큼 두 발 뛰기를 합니다. 마스킹 테이프를 작게 잘라 최종
도착 지점에 붙여 표시합니다.

5 출발선에서 나이 수만큼 한 발 뛰기를 합니다.
마스킹 테이프를 작게 잘라 최종 도착
지점에 붙여 표시합니다. 도착 지점에서
다시 한 발 뛰기를 해서 출발선으로
돌아옵니다.

☺ TIP

• 술래와 도망가는 사람을 정합니다. 술래가 한 발로 뛰어가야 하는 걸음
수를 정해 외칩니다. 예를 들어 술래가 "세 걸음!"이라고 외치면, 도망가
는 사람들은 각자 출발선에서 최대한 멀리 한 발로 세 걸음을 뛴 후 그
자리에 멈춰 섭니다. 술래는 그보다 한 걸음 적은 두 걸음을 한 발로 뛰
어 멈춰 섭니다. 그런 후 손을 뻗어 닿는 사람을 잡습니다. 술래의 손에
잡힌 사람이 술래가 됩니다.

보호자 가이드 신체를 다양하게 움
직이는 경험은 이후 복잡한 동작을
발달시키는 데 기초가 됩니다. 꼭
정해진 방법이 아니어도 괜찮아요.
아이와 함께 새로운 규칙들을 만들
어 보세요.

잠자던 두뇌가 번쩍!

인지 놀이

놀이 효과

신체	눈-손 협응
인지	시지각, 주의력
관계	지시 따르기
언어	듣기
정서	성취감

놀이 소개

'잠자던 두뇌가 번쩍!' 놀이 중에 '손가락을 들어 봐' 활동은 시지각과 눈-손 협응에 도움이 되는 놀이입니다. 물건을 조작하고 사용하는 것, 주어진 선을 끝까지 따라 그리는 것, 그림·글자·숫자를 쓰고 줄에 맞춰 글자를 쓰는 것 등이 대표적인 눈과 손의 협동 감각 운동 능력이지요. '메모리 게임'은 카드 그림과 위치를 기억해 관찰력과 집중력 향상에 도움을 주는 놀이예요.

준비물

5가지 색의 색종이, 가위, 스케치북, 색종이와 같은 5가지 색 스티커 또는 색연필, 2개의 같은 그림 카드 10쌍

놀이 목표

눈-손 협응과 기억력을 발달시킬 수 있어요.

☺ 놀이 방법

손가락을 들어 봐

1 **준비** 아이와 5가지 색의 색종이를 고릅니다. 색종이를 접어 9등분해 자릅니다. 아이가 두 손을 펴고 손등을 위로 해서 스케치북 위에 올립니다. 손가락 위쪽에 골라 둔 5가지 색과 같은 스티커를 붙이거나 색연필로 표시합니다. 잘라 둔 색종이 뭉치를 반으로 나누어 아이의 왼손 위쪽에 한 뭉치, 오른손 위쪽에 한 뭉치를 가지런히 올려놓습니다.

2 **연습** 보호자가 색종이 한 장을 보여 주면, 아이는 그 색에 해당하는 양 손가락을 들어 올립니다. 엄지부터 새끼손가락까지 순서대로 제시해 손가락을 잘 들어 올리는지 확인합니다.

3 **게임 방법** 아이는 왼손과 오른손 위에 놓인 색종이를 보고, 그 색에 해당하는 손가락만 들어 올립니다. 예를 들어 왼손 위에 노란 색종이가 있으면 노란 스티커가 있는 손가락을 들어 올리고, 오른손 위에 빨간 색종이가 있으면 빨간 스티커가 있는 손가락을 들어 올립니다. 보호자가 색종이 뭉치에서 한 장씩 넘겨 주면, 아이는 지정된 색의 위치에 있는 손가락을 들어 올립니다. 색종이 뭉치를 모두 사용할 때까지 반복합니다.

메모리 게임

1 2개의 같은 그림(사물, 도형, 음식, 인물, 동물, 숫자 등) 카드를 5쌍 준비합니다. 같은 그림의 위치를 충분히 기억한 다음, 모든 카드를 뒤집어 놓습니다.

2 한 사람씩 순서대로 카드를 2장 뒤집습니다. 같은 그림이면 카드를 가져가고, 다른 그림이면 제자리에 원래대로 놓고 기회를 다른 사람에게 넘깁니다. 카드가 모두 없어졌을 때 카드를 더 많이 가져간 사람이 이깁니다.

☺ TIP

• '손가락을 들어 봐'는 양쪽 엄지끼리 같은 색, 양쪽 검지끼리 같은 색으로 하면 좀 더 쉽게 놀이할 수 있습니다. 난도를 높이고 싶다면 오른쪽 엄지와 왼쪽 새끼손가락을 같은 색으로, 오른쪽 검지와 왼쪽 약지를 같은 색으로 하면 됩니다.

• 아이가 '메모리 게임'을 어려워하면, 카드 수를 줄여서 제시합니다. 아이가 즐거워하면 카드 수를 늘려 보고, 불규칙적으로 배열해 난도를 높입니다.

보호자 가이드 쉬워 보여도 지각하고 집중하고 추리하는 인지적인 능력을 골고루 사용해야 하는 놀이입니다. 따라서 아이가 한 번에 많이 기억하지 못해도 집중해서 노력하는 태도를 칭찬해 주세요.

만6세 측정 놀이
72~77 개월
인지 놀이

놀이 효과

신체	공간 지각
인지	수학적 사고
관계	지시 따르기
언어	어휘
정서	성취감

놀이 소개

'측정 놀이'는 아이의 호기심과 탐구 정신을 자극하면서 자연스럽게 측정을 배울 수 있는 놀이입니다. 주변 물건들을 사용해서 길이를 재어 보고, 색을 구분하며 비교하는 활동은 수학적 개념과 과학적 이해를 향상시킬 수 있어요. 이렇게 일상 속에서 즐겁게 수학 활동을 경험하면, 수학에 대한 긍정적인 태도를 가지는 데 도움이 된답니다.

준비물

길이가 다른 여러 종류의 끈(리본, 노끈, 신발끈 등), 종이, 연필, 색연필, 여러 색 스티커

놀이 목표

다양한 방법으로 측정할 수 있어요.

☺ 놀이 방법

길이 측정 놀이

1 아이에게 측정이 무엇인지 설명하고, 옛날 사람들은 몸의 일부를 측정의 기준으로 삼았다는 것을 알려 줍니다. 예를 들어 두 손가락으로 한 뼘, 두 뼘 등 길이를 재거나 양 손바닥을 모아 가득 담을 수 있는 양으로 한 줌, 두 줌 등의 부피를 쟀다는 것을 알려 줍니다. 이때 보호자와 아이의 손을 맞대어 보호자의 한 뼘과 아이의 한 뼘이 다름을 알아볼 수도 있습니다.

2 준비한 여러 끈의 길이를 눈으로만 보고 긴 순서를 정해 봅니다. 옛날 사람들처럼 신체를 이용해 길이를 재어 봅니다. 몇 뼘인지 재고 긴 순서대로 나열합니다.

3 종이에 길이가 다른 선들을 그려 비교합니다.
　① 종이에 길이가 각각 다른 직선을 4개 이상 그려 줍니다. 아이는 긴 순서대로 번호를 매깁니다.
　② 길이가 각각 다른 직선과 곡선을 여러 개 그려 줍니다. 아이는 긴 순서대로, 또는 짧은 순서대로 번호를 매깁니다.

분류 측정 놀이

1 종이에 빨간색, 파란색, 노란색 등의 색연필로 동그라미, 세모, 네모, 별 등 다양한 모양을 여기저기에 그려 봅니다. 한 색깔당 최소 4개 이상의 모양을 그려 줍니다.

2 다른 종이에 숫자를 적은 그래프를 만듭니다. 다양한 모양을 그린 종이를 보면서 빨간색, 파란색, 노란색 등의 스티커를 그래프에 나란히 붙여 봅니다. 이때 모양에 상관없이 같은 색이 몇 개인지 세어 본 후 그 수만큼 스티커를 붙이도록 합니다.

☺ TIP

- 아이가 개수를 세며 놓치는 부분이 있다면, 동그라미를 그리거나 선을 그어 센 모양에 표시해도 좋습니다. 아이가 놓치는 것이 없다면, 색의 개수를 점차 늘립니다.

- 각각의 색 스티커 개수로 만들고 싶은 그래프를 결정합니다. 그래프를 만든 후 그 결과를 해석해 봅니다.
"빨간색과 파란색이 4개로 제일 적고, 초록색이 6개로 제일 많아요."

보호자 가이드 측정은 기준에 따라 수치가 달라질 수도 있고, 고려 사항도 많아집니다. 측정 놀이는 수와 연산의 기초 개념을 이해하고, 기초적인 자료 수집과 결과를 나타내는 복잡한 과정이 함께 이루어져요. 따라서 아이가 한 번에 성공하지 못하더라도 다시 시도해 볼 수 있도록 지지해 주세요.

만6세 72~77개월 얼마예요?

인지 놀이

놀이 효과

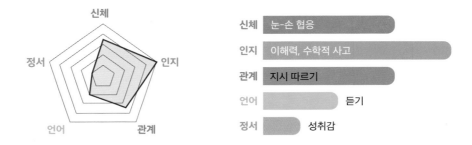

신체	눈-손 협응
인지	이해력, 수학적 사고
관계	지시 따르기
언어	듣기
정서	성취감

놀이 소개

'화폐'는 경제 활동에 꼭 필요한 수단입니다. 화폐를 직접 경험하는 일은 경제적 개념을 형성하는데 큰 영향을 주지요. '얼마예요?'는 화폐 소비를 간접적으로 체험하면서 화폐의 의미와 역할을 이해하게 해 경제 개념 형성을 도와주는 놀이예요. 경제 개념을 이해하면 경제 관련 사고가 심화·확대되고, 용돈 관리와 저축 등 올바른 경제생활 태도를 갖추는 데도 도움이 된답니다.

준비물

지갑, 동전, 지폐, 종이, 필기구, 저금통

놀이 목표

화폐를 사용해 간단한 계산을 할 수 있어요.

😊 놀이 방법

1 지갑에 있는 동전과 지폐를 꺼내 아이에게 보여 주며 화폐 단위를 알려 줍니다.

2 실제 화폐를 가지고 더하고 빼는 연습을 해 봅니다.
"2,000원이 필요할 때는 어떻게 해야 할까?", "1,000원이 두 개 있어야 돼요.", "사탕은 200원인데 500원을 냈다면 얼마를 돌려받아야 할까?"

3 집 안에서 아이가 자주 사용하는 물건이나 시설에 관해 이야기를 나눕니다.

4 사용 요금을 정해 보고, 종이에 가격을 적어 가격 판을 만듭니다.(예: 물 한 잔에 100원, 화장실 이용권 200원, TV 켜는 데 1,000원, 냉장고 이용권 500원 등)

5 아이와 정해진 시간 동안 정해진 돈을 사용하기로 약속하고 놀이를 해 봅니다.

6 물건과 시설을 사용할 때마다 요금을 지불합니다. 놀이가 끝나면 돈을 얼마나 사용했는지, 얼마가 남았는지 확인해 봅니다.

😊 **TIP**

- 아이가 계산하기 쉽도록 100이나 1,000단위로 가격을 책정하고, 간단한 덧셈이나 뺄셈을 유도합니다. 정해진 돈을 모두 사용하지 않고 남겼을 때는 저금통에 저축합니다.
- 먹거리를 판매하거나 체험 활동을 할 수 있는 곳을 직접 방문해 보는 것도 좋습니다. 지불해야 할 금액을 알아보고, 아이가 직접 체험할 수 있도록 해 줍니다. 물건과 시설을 사용할 때마다 알맞은 금액의 돈을 지불하는지 지켜봅니다.

보호자 가이드 아이들은 소비의 즐거움만 느끼기 쉬워요. 꼭 필요하다면 소비해야겠지만, 무분별한 소비는 절제하고 나중을 위해 저축하는 것도 중요하다는 사실을 알려 주세요.

만6세 72~77개월 우리 동네 길 찾기

인지 놀이

☺ 놀이 효과

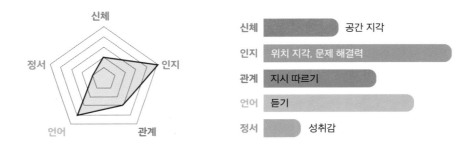

신체	공간 지각
인지	위치 지각, 문제 해결력
관계	지시 따르기
언어	듣기
정서	성취감

☺ 놀이 소개

이 시기의 아이들은 주의력이 향상되고 실행 기능이 발달합니다. '실행 기능'은 인지의 기초적인 능력으로 목표 달성을 위한 계획을 하는 거예요. '우리 동네 길 찾기'는 동네에 관심을 가지고 길을 찾아보면서 위치와 공간을 이해할 수 있는 놀이입니다. 두 가지 이상의 정보 중 하나를 선택하고, 목표 달성을 위해 주의를 억제하고 조절하면서 실행 기능과 문제 해결력을 키울 수 있답니다.

☺ 준비물

동네에서 찍은 사진, 종이, 색연필, 사물로 만든 말(또는 작은 자동차 장난감, 사람 인형)

☺ 놀이 목표

익숙한 장소의 위치를 기억하고 찾아갈 수 있어요.

140

😊 놀이 방법

1 놀이터, 마트, 길 등 동네에서 찍은 사진을 보며 우리 동네에 대해 알아봅니다. 아이는 어느 곳을 제일 좋아하는지 이야기를 나누어 봅니다.

2 아이와 함께 우리 동네 약도를 간단하게 그리거나 임의로 동네 모습을 그려 봅니다. 집 앞 편의점, 유치원이나 어린이집, 가까운 문구점 등 아이와 함께 도보로 이동해 보았던 곳을 목표로 약도를 그리는 것이 좋습니다.

3 가야 할 곳을 정하고, 목표 지점에 도착하려면 어떻게 가야 하는지 설명합니다.

4 집에 있는 사물로 말을 만들거나 작은 자동차 장난감 또는 사람 인형을 들고 움직이며 길을 찾습니다.

😊 TIP

- 보호자가 먼저 설명하고 아이가 길을 찾습니다. 설명에 익숙해지면, 아이가 설명하고 보호자가 길을 찾아봅니다.
- 초반에는 앞으로 쭉 가면 도착하거나 한 번 모퉁이를 돌면 도착하는 등 가는 길이 어렵지 않은 곳을 목표로 잡고 설명해 보게 합니다.
- 아이가 설명하는 방법에 익숙해지면 오른쪽, 왼쪽, 위, 아래 등 방향과 위치를 표현하는 낱말들을 사용해 설명하도록 유도해 봅니다.

보호자 가이드 아이가 기다리기 힘들어한다면, 우리 동네 약도는 보호자가 어느 정도 미리 만들어 두는 것이 좋습니다. 직접 만든 약도를 들고 동네를 산책하며 아이가 미처 몰랐던 가게나 시설 등을 확인해 보세요. "여기는 엄마가 감기 걸리면 가는 병원이야. ○○이가 가는 병원보다 멀리 있지?", "아빠가 꽈배기를 사 온 곳이 여기야. 오늘은 같이 사 볼까?" 처럼 각자의 추억도 공유해 보면, 우리 동네를 더 의미 있게 이해하게 될 거예요.

만6세 학용품 빙고

72~77 개월

인지 놀이

놀이 효과

신체	공간 지각
인지	시지각, 문제 해결력
관계	지시 따르기
언어	한글
정서	성취감

놀이 소개

아이들은 초등학교에 입학하면 이전보다 학용품을 더 많이 사용하게 됩니다. 그동안 사용해 보았던 익숙한 학용품도 있지만, 처음 보는 생소한 학용품도 있을 거예요. '학용품 빙고'는 학용품과 관련된 새로운 어휘와 쓰임새에 대해 익힐 수 있는 놀이입니다. 이 놀이는 공간 지각과 눈-손 협응에 도움을 준답니다.

준비물

학용품(색연필 세트, 딱풀, 10칸 쓰기 노트, 가위, 연필, 지우개, 미니 빗자루 등), 종이, 연필

놀이 목표

학용품 이름을 익히고, 규칙에 따라 빙고 게임을 할 수 있어요.

😊 놀이 방법

1 색연필 세트, 딱풀, 10칸 쓰기 노트, 가위, 연필, 지우개, 미니 빗자루 등 학교 준비물에 관해 이야기를 나누어 봅니다. 유치원이나 어린이집에서는 잘 사용하지 않았지만, 학교에서 새롭게 사용하게 될 물건들은 무엇인지 생각해 봅니다.

2 학용품을 챙기며 이름을 알아봅니다. 어떻게 사용하는지, 왜 필요한지 이야기를 나눕니다.

3 아이에게 빙고 게임 방법에 관해 설명합니다. 우선 각자 종이에 3×3 빙고 칸을 그리고, 칸 안에 학용품 이름을 적습니다. 순서를 정해 학용품 이름을 번갈아 가며 한 번씩 말합니다. 나 또는 다른 사람이 말한 학용품 이름에 동그라미를 칩니다. 가로, 세로, 대각선 중 먼저 2줄이 완성되면 "빙고!"를 외칩니다.

😊 **TIP**

• 아이가 놀이에 익숙해지면, 4×4, 5×5로 빙고 칸을 늘려 봅니다. 학용품 외에 다른 주제로 게임을 해도 좋습니다.

보호자 가이드 아이들이 자주 접하는 학용품은 익숙 하지만, 시기에 따라 사용하는 물건들이 달라지기 때 문에 낯설기도 합니다. 아이가 학교라는 새로운 환경 에서 낯선 학용품을 사용하다 보면 더 당황할 수도 있어요. 아직은 보호자의 도움이 많이 필요하겠지만, 학교 가기 전에 스스로 가방을 챙겨 보면서 자신의 학용품을 소중히 여길 수 있게 도와주세요.

에어 캡 위에서 살아남기

관계 놀이

😊 놀이 효과

신체	자세 조절
인지	주의력
관계	친밀감, 친사회적 행동
언어	상황 언어
정서	성취감

😊 놀이 소개

아동기에 들어서는 이 시기에는 좀 더 복잡한 사회적 관계를 연습하고 발달시켜야 해요. 특히 또래 관계에서는 보호자가 개입해 문제를 해결하는 것보다 스스로 갈등을 해결하고 협력하는 과정이 중요해지지요. '에어 캡 위에서 살아남기'는 의견을 조율하고 협력하는 기술을 익혀 또래 관계에서 활용할 수 있게 돕는 놀이랍니다.

😊 준비물

에어 캡

😊 놀이 목표

의견을 조율하고 협력하는 태도를 기를 수 있어요.

😊 놀이 방법

1 바닥에 에어 캡을 넓게 펼칩니다. 아이에게 "우리는 빙산에 올라와 있는데 빙산이 점점 녹아 땅이 좁아질 거야."라고 말합니다. 아이와 함께 빙산이 점점 녹아 디딜 땅이 좁아지는 위급한 상황을 상상해 봅니다.

2 땅이 점점 좁아지는 상황에서 함께 살아남는 방법에 관해 이야기합니다. 에어 캡 크기를 점점 줄이고, 아이와 함께 에어 캡 위에 올라가서 10초를 세며 버팁니다.

3 10초 후 에어 캡에서 내려와 에어 캡 빙산이 더 작아졌다고 이야기를 나눕니다. 아이가 에어 캡을 조금 더 접어 보게 합니다. 함께 그 위에서 살아남을 방법을 찾으며 10초 동안 버팁니다.

4 아이와 보호자가 에어 캡을 번갈아 가며 접습니다. 점점 좁아지는 땅 위에서 한쪽 발을 들거나 아이를 업는 등 서로 협력해 지탱합니다. 2~3번 반복해서 놀이한 후 아이와 느낌을 이야기해 봅니다.

😊 **TIP**

• 첫 번째 시도에서 에어 캡 크기를 정해 주고, 규칙을 이해한 후 수행하게 합니다. 두 번째부터는 아이에게 에어 캡 크기를 정할 기회를 줍니다. 이런 과정은 아이의 주도적 힘과 적절한 문제 해결 능력 향상에 도움을 줍니다.

보호자 가이드 아이가 창의적인 생각을 제안할 수 있습니다. 어떻게 하면 좁아지는 땅 위에서 살아남을 수 있을지 아이의 의견을 존중하면서 방법을 찾아볼 기회를 주세요.

무엇이 무엇이 똑같을까?

72~77 개월

관계 놀이

놀이 효과

신체	눈-손 협응
인지	이해력
관계	친밀감, 조망 수용
언어	말하기
정서	공감

놀이 소개

이 시기의 아이들은 또래 관계의 폭이 넓어집니다. 또래 관계에서 중요한 것은 나와 상대방의 관심사를 공유하는 과정이에요. 똑같이 좋아하거나 공통된 관심사를 찾게 되면 유대감이 쉽게 형성됩니다. 하지만 내가 좋아하는 것을 상대방은 싫어하고, 상대방이 좋아하는 것을 내가 싫어할 때도 있음을 이해하는 것 또한 중요해요. 즉, 또래와 공유할 화제를 발견하기 위해 공통점과 차이점을 찾고 수용하는 과정이 필요하지요. '무엇이 무엇이 똑같을까?'를 통해 자연스럽게 상대방을 이해하도록 도와주면, 일상에서도 타인에게 관심을 가지고 이해하는 것이 좀 더 쉬워질 거예요.

준비물

종이, 필기구, 전단지 또는 잡지, 가위, 풀

놀이 목표

타인의 관심사에 주목하고, 나와의 공통점과 차이점을 이해할 수 있어요.

146

☺ 놀이 방법

1 가족이 모여 서로 공통된 관심사가 무엇인지 이야기를 나눕니다.

2 각자 좋아하는 음식, 장소, 색깔, 놀이, 운동 등을 5개씩 이야기하면 보호자가 받아 적습니다.

3 각자 싫어하는 음식, 장소, 색깔, 놀이, 운동 등을 5개씩 이야기하면 보호자가 받아 적습니다.

4 가족이 좋아하는 것과 싫어하는 것의 공통점과 차이점을
찾아봅니다.
"아빠와 나는 피자를 좋아하네.", "엄마와 나는
수영을 좋아해.", "아빠는 산을 좋아하고,
엄마는 바다를 좋아해.", "오빠와 나는
오이를 싫어해."

☺ **TIP**

• 만 3세 관계 놀이인 '우리 가족은 닮은 곳이 있
대요'(『어떻게 놀아 줘야 할까 1』 참조)를 짧게 도
입부에 활용한 후 이 놀이로 확장해도 좋습니다.

• 전단지나 잡지 등에서 그림을 오려 붙이며 공통
점과 차이점을 찾아볼 수 있습니다.

보호자 가이드 가족 구성원 간의 관심사를 공유하고 서로 좋
아하지 않는 자극을 이해하는 과정은 관계 속에서 내가 어떻
게 행동해야 할지 결정하는 데 도움이 될 수 있어요. 아이는
평소 보호자의 생각이나 기호, 관심사 등을 명확히 알기 어려
운 경우가 많습니다. 이럴 때는 놀이를 통해 공통된 관심사나
차이점 등을 알 수 있어요. 보호자는 아이의 표현을 통해 아
이를 새롭게 이해할 수 있지요. 이때 "이게 왜 싫어? 싫어도
해야 할 때가 있어."처럼 무언가를 알려 주는 표현보다는 "○
○이가 이걸 싫어했구나. 미처 몰랐네. 누구나 불편한 게 있
어. ○○이가 싫어하는 것은 우리도 조심할게."처럼 행동의
모범이 될 상호 작용을 해 주세요.

우리 한 팀이야

관계 놀이

☺ 놀이 효과

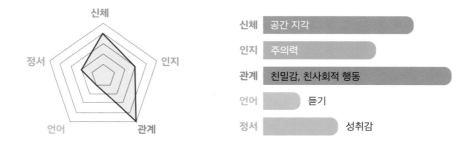

신체	공간 지각
인지	주의력
관계	친밀감, 친사회적 행동
언어	듣기
정서	성취감

☺ 놀이 소개

이 시기의 아이들은 더불어 생활하는 과정의 중요성을 배우게 됩니다. 친구와 협력하며 놀고, 갈등을 긍정적으로 해결하는 과정이 중요한 요소예요. '우리 한 팀이야'는 보호자와 아이가 한 팀이 되어 서로 협력해 공동 목표를 달성하는 놀이입니다. 아이는 이 놀이를 통해 협력의 즐거움과 성취감을 경험할 수 있답니다.

☺ 준비물

나무젓가락 100개, 구슬, 종이컵 2개

☺ 놀이 목표

협력의 즐거움을 경험할 수 있어요.

1 나무젓가락을 하나씩 분리합니다.

2 아이에게 보호자와 한 팀이 되어 협력해 놀이할 것이라고 설명합니다.

3 아이와 보호자가 번갈아 가며 나무젓가락을 놓아 높이 쌓아 봅니다. 나무젓가락으로 삼각형 모양을 먼저 만든 후 그 위에 높이 쌓습니다. 삼각형 모양 외에도 사각형, 오각형 등 다른 모양을 정해 높이 쌓아 봅니다.

4 완성한 나무젓가락 탑 안에 구슬을 채워 봅니다. 종이컵 2개를 포클레인이나 삽처럼 물건을 집는 도구로 사용하기로 약속합니다. 각자 한쪽 손만 사용해 서로의 종이컵 윗부분을 맞대어 구슬을 담아 탑 안에 넣습니다.

5 1분 동안 몇 개의 구슬을 넣을지 목표를 정한 후 놀이해 봅니다.

보호자 가이드 이 시기의 아이들은 "우리 편이야.", "같은 편이야."처럼 소속감을 표현합니다. 그래서 보호자와 한 팀이 되어 무언가를 수행하는 데 기대를 하며 즐거움을 느끼지요. 공동 목표를 정하고 수행하며 한 팀이라는 소속감을 경험하게 도와주세요. 또 아이가 보호자의 표현을 그대로 배워 또래 관계에서도 쓸 수 있으니 비난조나 놀림이 아닌, 응원하며 격려하는 표현을 많이 들려주세요.

역할을 바꿔 봐요

관계 놀이

놀이 효과

신체	운동 계획
인지	이해력
관계	조망 수용, 친사회적 행동
언어	상황 언어
정서	공감

놀이 소개

이 시기의 아이들은 특별히 친하게 지내는 친구가 생기고, 친구와 놀다가 다툼이 생기면 의견을 조율해 스스로 해결하려는 시도도 많이 하게 됩니다. 그러므로 아이가 다양한 관계 안에서 타인을 이해하는 경험이 매우 중요해요. 아이는 '역할을 바꿔 봐요'를 통해 보호자와 역할을 바꾸는 경험을 함으로써 상대방의 생각과 마음을 이해해 볼 수 있답니다.

준비물

없음

놀이 목표

다른 사람의 생각과 마음을 이해할 수 있어요.

😊 놀이 방법

1 아이에게 보호자와 역할을 바꾸어 5분씩 행동해 보자고 제안합니다. 아이에게 보호자의 역할 중 인상 깊은 것이 무엇인지 묻고, 그 상황들을 찾아봅니다.

2 보호자가 숙제 도와주기, 정리 정돈하기, 청소 등의 역할에 관해 이야기하고 상황을 정해 봅니다.

3 보호자는 아이의 역할을, 아이는 보호자의 역할을 5분씩 해 봅니다.

4 역할을 바꾸어 행동했을 때의 마음을 서로 이야기하고, 고마웠던 점과 서운하거나 속상했던 생각들을 나눕니다.

😊 TIP

• 역할을 바꾸어 활동하는 모습을 영상으로 찍어 함께 보면, 좀 더 객관적으로 상황과 생각을 바라볼 수 있습니다.

보호자 가이드 보호자가 아이 역할을 할 때 훈육을 목적으로 일부러 말을 안 듣거나 잘못된 행동만 중점적으로 할 수도 있습니다. 이보다는 아이의 좋은 모습도 표현한다면, 아이는 다양한 자신의 모습을 바라볼 수 있고 보호자 자신의 행동도 되돌아볼 수 있을 거예요. 또 아이가 표현하는 보호자의 모습을 보고 "내가 언제 그랬어!"처럼 반응하는 것을 삼가 주세요. 놀이 후 느낌을 나눌 때 "○○이가 이런 마음이 들었던 적도 있었구나."라고 말하며 아이의 표현을 존중해 주세요.

따뜻한 도시락

관계 놀이

놀이 효과

신체	도구 조작
인지	시지각
관계	친밀감, 친사회적 행동
언어	상황 언어
정서	공감

놀이 소개

이 시기의 아이들은 단짝 친구가 생기고, 친구와 함께 놀기 위해 자기 욕구를 조절하기도 하며, 친밀한 관계를 맺기 위한 전략을 사용해요. 친밀한 관계의 기본은 가정에서 보호자와 긍정적인 관계를 맺는 것입니다. '따뜻한 도시락'은 가족 구성원에게 친밀한 마음을 표현하는 기회를 주는 놀이예요. 이 과정은 서로 필요한 것을 이해하고 돌봐 주는 관계 경험이 된답니다.

준비물

도화지, 마트 전단지, 색종이, 가위, 풀, 색연필, 돗자리

놀이 목표

상대방에게 긍정적인 마음을 표현할 수 있어요.

☺ 놀이 방법

1 보호자와 아이가 함께 소풍 가는 상상을 합니다. 소풍 갈 때 필요한 것들이 무엇인지 이야기하고, 서로를 위한 도시락을 만들어 선물하자고 제안합니다.

2 도화지를 놓고 마트 전단지와 색종이를 사용해 서로 만들어 주고 싶은 도시락을 꾸밉니다.

3 집 안에 돗자리를 깔고, 서로 준비한 도시락을 선물합니다.

4 도시락에 담긴 의미를 설명하면서 서로 고마운 마음을 표현합니다.

☺ **TIP**

• 캠핑 놀이로 확장해 역할 놀이를 진행해도 좋습니다. 선물한 도시락 중 직접 만들어 보고 싶은 요리가 있는지 물어본 후 함께 요리 방법을 찾아봅니다. 필요한 재료들을 마트에서 구입해 요리 활동으로 확장해 볼 수도 있습니다.

보호자 가이드 도시락을 예쁘게 꾸미는 것이 중요한 게 아니라 상대방에게 필요한 것이 무엇인지 생각해 보고, 그 마음을 표현하는 과정이 중요합니다. 이 놀이를 통해 아이가 평소 보호자를 어떻게 바라보는지 느낄 수 있을 거예요. 아이의 마음에 먼저 고마움을 표현해 주세요. 그러면 아이는 긍정적인 표현을 자연스럽게 배울 수 있답니다.

만**6**세

72~77
개월

다른 사과를 찾아라!

언어 놀이

놀이 효과

신체	구강 운동
인지	시지각
관계	지시 따르기
언어	한글, 말하기
정서	성취감

놀이 소개

이 시기 아이들의 음운 인식(언어적 단위를 분리하거나 합성) 능력은 약 90% 정도예요. 음절은 정확하게 가를 수 있지만, 음소를 가르는 것은 아직 조금 어려울 수 있지요. 아이가 소리의 작은 단위를 인식하고 이해하는 데 어려움이 없도록 '다른 사과를 찾아라!' 활동을 즐겁게 하면 언어 학습의 어려움을 예방할 수 있답니다.

준비물

사과를 2개~5개씩 그린 종이, 연필, 색연필

놀이 목표

글자의 작은 단위를 인식할 수 있어요.

1 사과를 2개, 3개, 4개, 5개씩 그린 종이를 준비합니다.

2 '음절 찾기'를 해 봅니다. 보호자는 사과 안에 첫 글자가 같은 단어 2개와 다른 단어 1개를 씁니다. 아이와 함께 첫 글자가 다른 것을 찾아봅니다.(예: 가수-나무-나비 → 가) 아이가 이해했다면, 정답을 빨리 찾는 사람이 이기는 것이라고 알려 줍니다.

3 보호자는 사과 안에 자음을 제외한 모음과 받침이 같은 단어 2개를 쓴 다음, 아이에게 첫소리 자음이 무엇인지 알려 줍니다.(예: 가 → ㄱ, 나 → ㄴ)

4 보호자는 아이에게 1단계 단어(176쪽 단어 예시 참조)가 적힌 사과 그림을 보여 줍니다. 첫소리 자음이 다른 것을 빨리 찾는 사람이 이기는 것이라고 알려 줍니다.(예: 가위-가방-사자 → ㅅ)

5 보호자는 아이에게 2단계 단어가 적힌 사과 그림을 보여 줍니다. 아이가 첫소리 자음이 다른 것을 찾아서 색칠하게 합니다.(예: 곰-잠-김 → 'ㅈ' 색칠하기) 또는 다른 자음이 들어간 사과를 찾아서 빨리 드는 사람이 이기는 방식으로 진행합니다.

6 아이가 흥미를 보이면 단계를 높여 3, 4 단계 단어 중에 다른 자음이 들어 있는 사과를 찾게 합니다.

😊 **TIP**

• 첫소리 자음이 다른 사과를 모두 찾았으면, 이번에는 같은 방법으로 끝소리 자음이 다른 사과를 찾는 활동(176쪽 단어 예시 참조)을 해 봅니다.

• 아이가 어려워하면 사과 2개에 1음절 글자를 각각 쓴 다음, 첫 글자와 자음이 무엇인지 충분히 설명해 줍니다. 만일 활동을 반복적으로 하고 꾸준히 알려 줘도 아이가 상당히 어려워한다면, 전문가 상담을 권합니다.

보호자 가이드 아이가 먼저 하고자 한다면 문제를 낸 다음 알려 줘도 되지만, 그렇지 않은 경우에는 공부하는 느낌이 강하게 들 수 있습니다. 보호자가 먼저 다른 소리를 찾는 모습을 보여 주고 "여기서는…… 이걸까?"처럼 함께 추측하면서 답을 찾는다면, 아이도 자신감을 가지고 스스로 시도하려고 할 거예요.

맞으면 O, 틀리면 X(2)

언어 놀이

놀이 효과

신체	자세 조절
인지	이해력
관계	사회적 규범 이해
언어	듣기, 상황 언어
정서	성취감

놀이 소개

이 시기의 아이들은 사건이 일어난 상황의 원인과 이유를 좀 더 일관성 있게 설명하고, 타인의 마음을 고려해 말할 수 있어요. 아이들은 성장하면서 단순한 의사소통을 넘어 언어를 타인과 자신의 문제를 원만히 해결하는 도구로 사용합니다. 일상에서 벌어지는 사건과 상황에 대한 논리적 사고를 언어로 표현하는 능력이 바로 '언어 문제 해결력'이에요. '맞으면 O, 틀리면 X(2)'는 상황 이해와 더불어 문제 해결을 위한 논리적 언어 표현 능력을 향상시키는 데 도움을 주는 놀이랍니다.

준비물

OX 판

놀이 목표

상황의 원인을 알고, 그에 관해 논리적으로 설명할 수 있어요.

☺ 놀이 방법

1 OX 판을 준비하고, 책상이나 좌식 책상에 아이와 마주 앉습니다. OX 판은 색종이로 만들거나, 종이에 O, X를 적거나, 아이가 머리 위로 손을 들어 만들어 보게 하면 됩니다.

2 어린이집, 유치원이나 학교, 가정, 공공장소에서 생길 만한 여러 상황을 들려주고 해결 방안을 말해 봅니다.(예: 영화관이나 도서관에서는 조용히 해야 한다. 도서관에서는 떠들어도 된다. 영화관이나 도서관에서 떠드는 친구가 있으면, 그 친구에게 가서 "떠들지 마!"라고 큰 소리로 이야기한다.)

3 그 해결 방안이 적절하다면 O, 아니라면 X를 들도록 합니다.

4 아이에게 왜 O를 들었는지, 왜 X를 들었는지 물어봅니다. 아이가 이유를 적절하게 말하면, 칭찬한 후 넘어갑니다. 이유를 적절하게 들지 못하면, 보호자가 이유를 설명해 줍니다.

5 아이가 놀이에 익숙해지면, 차례를 바꾸어 아이가 문제를 내 보게 합니다.

☺ TIP

- 처음부터 너무 길게 문제를 내면, 아이가 듣고 반응하기 어려울 수 있습니다. 간단한 문장으로 상황만 설명하고 O, X를 들어 보게 합니다.
- 아이가 놀이에 익숙해지면, 점점 복잡한 상황과 긴 문장의 해결 방법을 말해 봅니다.

보호자 가이드 아이에게는 이유를 정리하는 것이 어려울 수 있어요. 일단 아이의 이야기를 다 듣고 난 후 한 번 더 정리해서 들려주거나, 정리한 문장을 아이가 다시 한번 이야기해 보게 하는 것이 좋습니다. 아이가 열심히 시도했다면, 그 부분에 힘을 실어 주는 칭찬이 필요해요. "아, 그렇구나. ○○이 생각은 그렇구나. 정말 이야기 잘해 주었네."처럼 말해 주세요.

발음 놀이(4)

언어 놀이

놀이 효과

신체	구강 운동
인지	주의력
관계	지시 따르기
언어	발음, 듣기
정서	성취감

놀이 소개

이 시기의 아이들은 대체로 분명히 발음합니다. 특히 /ㅅ/, /ㅆ/, /ㄹ/ 소리가 들어간 단어와 문장을 정확히 말할 수 있지요. 하지만 /ㅅ/, /ㅆ/, /ㄹ/ 소리는 가장 마지막에 발달하는 소리예요. 그래서 간혹 발음이 정확하지 못해 사람들이 말을 잘 알아듣지 못하면, 자신 있게 생각을 전달하지 못할 수도 있습니다. '발음 놀이(4)'를 통해 보호자는 아이의 발음 정도를 확인할 수 있고, 아이는 말하는 자신감을 높이는 데 도움을 받을 수 있답니다.

준비물

목표 단어 카드, 목표 단어 그림 자료, 칭찬 스티커, 스티커 판

놀이 목표

/ㅅ/, /ㅆ/, /ㄹ/ 소리를 정확하게 발음하고, 자신 있게 말할 수 있어요.

목표 단어 예시

/ㅅ/	단어
1단계	시 시계 시소 시장 식탁 시금치 신호등 도시 소시지 쿠션 마시다 교실 싱크대
2단계	사과 사탕 새우 소파 소라 소리 서랍 스키 사다리 소방관 소방차 수영장 수영복 티셔츠 산 손 상어 상자 삼촌
3단계	나사 인사 의사 천사 염소 채소 가수 참새 냄새 우산 사슴 풍선 생선 손바닥 솜사탕 숟가락[숟까락] 색연필[생년필] 슬프다 주유소 분수대 부수다 도서관 청소기
4단계	낙하산[나카산] 원숭이 무섭다 설거지하다 해수욕장 일어서다 불가사리 스케치북 세수하다 장수풍뎅이

/ㅆ/	단어
1단계	씨 씨앗 씨름 낚시[낙씨] 택시[택씨] 글씨 날씨 솜씨 꽃씨 불씨
2단계	아저씨 아가씨 수박씨 호박씨 싸다 싸움 쓰다 쌀 쌈 씩씩하다
3단계	버스[버쓰] 낙서[낙써] 젖소[젇쏘] 박수[박쑤] 국수[국쑤] 열쇠[열쐬] 쌈장 쌀밥 썩다 썰다 썰매 쓸다 돈가스[돈까쓰] 코뿔소[코뿔쏘] 경찰서[경찰써]
4단계	약속[약쏙] 눈썹 새싹 쌍꺼풀 쌍둥이 눈싸움 독수리[독쑤리] 옥수수[옥쑤수] 쓰레기통 쓰다듬다 쓰러지다 코스모스[코쓰모쓰] 눈썰매장 크리스마스[크리쓰마쓰]

/ㄹ/	단어
1단계	① 세트: 알 울 앨 얼 을 알라 올라 앨라 얼라 ② 세트: 말 발 불 올라가다 콜라 빨래 볼링 애벌레 슬리퍼
2단계	고릴라 레슬링 카멜레온 훌라후프 콧물[콘물] 졸다 벨트 철봉 멸치 설거지 깨물다 쌍꺼풀 금메달 콩나물 색연필[생년필]
3단계	라면 레몬 로켓 리본 다리 오리 체리 고래 모래 벌레 사다리 코끼리 도토리 목도리 빗자루 다리미 구르다 자르다
4단계	트럭 공룡 계란 호랑이 발가락 지렁이 줄넘기[줄럼끼] 동물원[동무뤈] 오렌지 동그라미 파프리카 불가사리 쓰레기통 크레파스 노래하다 정리하다 해바라기 미끄럼틀 할아버지[하라버지] 트라이앵글 아이스크림

1 /ㅅ/, /ㅆ/, /ㄹ/ 소리 중에서 한 개를 정하고, 목표 단어 5~10개를 선정합니다. 목표 단어는 10개 이상이어도 됩니다. 목표 단어 그림은 휴대폰으로 검색한 사진 등을 활용해도 좋습니다.

2 1단계 목표 단어 5~10개를 그림과 함께 보여 주면서 따라 말하게 합니다. 아이가 정확히 따라 하지 못하면 5번 정도 연습한 다음, 잘 따라 하고 있다며 칭찬하고 다음 단어로 넘어갑니다.

3 2단계 목표 단어 5~10개를 그림과 함께 보여 주면서 따라 말하게 합니다.

4 3단계 목표 단어 5~10개를 그림과 함께 보여 주면서 따라 말하게 합니다.

5 마지막 4단계 목표 단어 5~10개를 그림과 함께 보여 주면서 따라 말하게 합니다. 단어를 따라 말할 때마다 칭찬 스티커를 붙여 줍니다.

6 활동이 끝나면 보호자는 아이가 정확히 따라 하지 못하는 단어가 무엇인지 살펴보고, 발음을 잘하는 단어 5개와 어려워하는 단어 5개를 뽑아 꾸준히 반복합니다. 단어 연습이 끝나면, 목표 단어가 들어간 문장 말하기로 넘어갑니다.

• 만 3세 언어 놀이인 '발음 놀이(1)'과 만 4세 언어 놀이인 '발음 놀이(2)'(『어떻게 놀아 줘야 할까 1』 참조), 만 5세 언어 놀이인 '발음 놀이(3)'과 연계할 수 있습니다.

• /ㅅ/, /ㅆ/ 소리 쉽게 내기

1 자음 'ㅅ'과 'ㅆ'이 모음 'ㅣ'와 만나면 더 쉽게 소리 낼 수 있습니다.(예: 시계, 시소, 아저씨)

2 뱀을 길게 그리거나 손으로 뱀 흉내를 내면서 "스~." 소리를 내 봅니다. 또는 작은 소리부터 점점 큰 소리로 흉내를 내 봅니다

• /ㄹ/ 소리 쉽게 내기

1 'ㄹ' 받침과 자음 'ㄹ'이 만나면 더 쉽게 소리 낼 수 있습니다.(예: 콜라, 코알라)

2 혀끝을 입천장에 올리면서 "똑딱똑딱." 시계 소리를 5번씩 번갈아 가면서 내 봅니다.

보호자 가이드 아이의 발음이 부정확할 때 "그게 아니야. 다시 말해 봐. 따라 해 봐. 못 알아듣겠어."처럼 다그치면, 아이는 자신감을 잃을 수 있습니다. 평소 보호자가 해당 음소가 들어간 단어를 크게 강조해 들려주세요. 그러면 아이는 자연스럽게 자신의 소리와 다름을 알고, 정확히 해 보려고 노력할 것입니다. 또 단어를 음절로 쪼개어 하나씩 따라 하라고 하는 경우가 있는데, 그러면 아이가 한 음절씩 끊어서 말하는 등 발음이 부자연스러울 수 있어요. 이때는 단어를 천천히 들려주면서 아이가 바로 발음하게 이끌어야 합니다. '사슴'을 예로 들면 "사! 따라 해 봐. 슴! 따라 해 봐."가 아니라 "사~슴~."이라고 말해 주세요. 목표 음소가 들어간 소리를 만 6세 중반까지 정확히 발음하지 못하면, 전문가 상담을 권합니다.

만6세 그림일기 쓰기

72~77 개월

언어 놀이

놀이 효과

신체	눈-손 협응
인지	기억력
관계	친밀감
언어	어휘, 쓰기
정서	주도성

놀이 소개

이 시기의 아이들은 즐거웠던 일, 슬펐던 일, 속상했던 일 등 자신이 경험한 일에 관해 이야기하는 것을 좋아합니다. 하지만 경험한 일을 떠올려 정확하게 말하는 것이 어려울 수 있어요. 이럴 경우에 '그림일기 쓰기'가 도움이 됩니다. 보호자가 아이와 대화를 나누며 머릿속에 떠오르는 일과를 시간 순서에 맞게 정리하도록 이끈 다음, 글과 그림으로 표현하게 하는 것이지요. 아이는 자신이 경험한 일을 구체적인 시각 자료로 만드는 과정을 통해 보다 분명하게 기억하고 말하는 데 도움을 받을 수 있답니다.

준비물

스케치북 또는 종이, 연필, 색 사인펜, 그림일기장

놀이 목표

오늘 있었던 일을 회상하고, 생각과 느낌을 글과 그림으로 표현할 수 있어요.

☺ 놀이 방법

1 아이에게 오늘 있었던 일을 생각해 보자고 말합니다.

2 스케치북이나 종이에 동그라미를 그립니다. 오늘 있었던 일을 회상한 다음 떠오르는 장소, 인물, 시간, 사건, 기분 등을 생각나는 대로 동그라미에 그림으로 그리거나 단어를 씁니다.

3 그림이나 단어를 보면서 하나의 사건을 선택합니다. 선택한 사건으로 아이와 자세히 이야기를 나누며 '일기 마인드맵'을 만듭니다.(예: 마트→레고→구경하기→신나는 표정→생일→아쉬움→ 기대하는 표정) 아이가 주도적으로 말할 수 있게 중간에 끼어들지 말고 충분히 들은 다음, 아이의 이야기를 순서에 맞게 다시 정리해 말해 줍니다.

4 방금 나눈 이야기를 그림으로 그려 보고, 간단한 문장으로 일기를 함께 써 보자고 합니다. '엄마(아빠)랑 마트에 갔다. 레고를 봤다. 엄마(아빠)도 좋아했다. 사고 싶었다. 하지만 엄마(아빠)는 생일 때 사 준다고 했다. 빨리 생일이 왔으면 좋겠다.'

☺ TIP

• 만 6세 언어 놀이인 '이야기 나무 만들기'와 연계할 수 있습니다.

• 아이가 그림일기장에 쓰는 것을 좋아하지 않는다면, 일기 마인드맵 꾸미기 활동으로 마무리 지어도 좋습니다. 이 시기의 아이들은 완벽하게 그림을 그리고 일기를 쓰는 것을 어려워합니다. 따라서 하루를 회상하고 마인드맵을 꾸미면서 일기를 쓸 수 있다는 자신감을 다지게 해 주는 것이 좋습니다.

보호자 가이드 아이가 오늘 있었던 일을 기억해 글로 쓰려면 시간이 오래 걸립니다. 그러므로 여유로운 마음으로 놀이를 시작하세요. 보호자가 시범을 보여 줘도 좋습니다. "아침에 회사에서 할 일이 많았어. 그래서 힘들었어. 그런데 점심 때 제육볶음이 나와서 너무 기뻤어. 오후에는 열심히 일했단다. 역시 돼지고기의 힘이란!"처럼 이야기를 들려주세요. 중간에 아이가 끼어들어 더 자세히 설명해 달라고 할 수도 있습니다. 그럴 경우에는 자연스럽게 질문에 답하면서 이야기를 이어 가세요. 아이 수준에 맞춰서 짧은 문장으로, 시간 순서에 맞게 이야기를 들려주세요. 아이가 오늘 있었던 일을 말할 때는 그때 느꼈던 감정에 관해서도 이야기를 나누어 주세요.

호흡 척척! 길 찾기

언어 놀이

놀이 효과

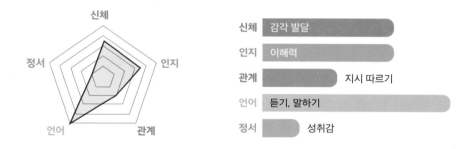

신체	감각 발달
인지	이해력
관계	지시 따르기
언어	듣기, 말하기
정서	성취감

놀이 소개

아이가 일정 시간 동안 주의를 유지할 수 있는지 없는지에 따라 습득력에 큰 차이가 납니다. 학습과 주의력은 정비례한다는 연구 결과도 있어요. 특히 학령기 아이의 경우에는 교실에서 주의 깊게 듣는 것이 학업 수행에 영향을 줄 수 있습니다. '호흡 척척! 길 찾기'는 눈을 가린 상황에서 듣기에만 의존해 길을 찾는 놀이예요. 이 놀이는 청각적 주의 집중력을 향상시키는 데 도움을 줄 수 있답니다.

준비물

장애물(이불, 인형, 베개, 쿠션 등), 안대, 보물
(아이가 좋아하는 물건, 음식 등)

놀이 목표

화자의 말을 주의 깊게 듣고 행동할 수 있어요.

☺ 놀이 방법

1 넓은 공간 곳곳에 장애물을 두고, 출발점과 도착점을 정합니다.

주의 사항 아이가 다칠 수 있으므로 거칠고 딱딱한 장애물보다는 부드럽고 폭신한 장애물을 설치합니다.

2 아이에게 보호자의 말을 듣고 목적지에 도착하는 놀이라고 설명합니다. 목적지에 무사히 도착하려면, 보호자가 하는 말에 집중해야 한다고 설명합니다.

3 아이에게 행동을 지시하면서 단어와 문장을 잘 이해하는지 눈을 가리지 않고 확인해 봅니다.(단어 예: 앞에, 뒤에, 옆에, 왼쪽, 오른쪽, 위에, 밑에, 조금만 더, 살짝, 몇 걸음 등 / 문장 예: 3걸음 앞으로! 조금만 뒤로! 살짝 오른쪽 옆으로! 등)

4 아이는 안대를 쓰고, 보호자는 도착점을 찾아가는 방법을 설명합니다. 아이는 설명만 듣고 길을 따라갑니다.

5 아이가 잘 도착했는지 확인해 봅니다. 역할을 바꾸어 아이가 설명하고 보호자가 길을 찾아가 봅니다.

☺ TIP

- 만 6세 인지 놀이인 '우리 동네 길 찾기'와 연계할 수 있습니다.
- 아이가 무서워하거나 계속 안대를 벗으려고 하면 ① 눈을 가리지 않고 길 찾기, ② 눈을 가리고 보호자의 손을 잡고 길 찾기, ③ 눈을 가리고 길 찾기 순으로 단계를 나누어 당일 또는 다른 날에 시도해 봅니다.
- '호흡 척척! 보물 왕' 게임도 진행해 봅니다. 보물 상자를 놓아둘 장소를 난이도에 따라 1~5개 정합니다. '호흡 척척! 길 찾기'와 동일하지만, 보물 상자를 찾는 미션이 추가됩니다. 보물은 평소 아이가 좋아하는 물건이나 음식 등으로 정합니다. 보물이 음식일 경우에는 흘릴 수 있거나 유리병에 담은 것은 피합니다. 아이가 보호자의 말을 듣고 목표 지점에 도달해 보물까지 찾으면, 더욱 신나고 즐거운 활동이 될 수 있습니다.

보호자 가이드 무서워하는 아이와 단계를 나누어 시도했을 때 아이가 해 보려고 노력했다면 "이야, 우리 ○○이 내비게이션인데?", "대단한데?"처럼 칭찬과 격려를 해 주세요. 그러면 아이는 힘든 상황을 극복하고 자신감과 성취감을 느낄 수 있답니다.

만6세 72~77 개월
나만의 감정 소품 만들기
정서 놀이

☺ 놀이 효과

신체	눈-손 협응
인지	이해력
관계	친밀감
언어	말하기
정서	감정 어휘, 자기 감정 인식

☺ 놀이 소개

이 시기의 아이들은 정서 발달 과정을 통해 다양한 감정을 이해하는 것에서 나아가 "많이 화났어!", "조금 속상했어!"처럼 감정의 강도도 다르다는 것을 배워 갑니다. '나만의 감정 소품 만들기'는 각 감정을 색깔에 대응시켜 하루 동안 감정별 기분의 양을 시각적으로 볼 수 있는 놀이예요. 아이는 이 놀이를 통해 자신의 감정을 인식하는 것을 연습할 수 있답니다.

☺ 준비물
플레이콘, 물티슈, 종이, 색연필

☺ 놀이 목표
하루 동안 다양한 감정을 느끼고, 감정의 강도가 다르다는 것을 이해할 수 있어요.

☺ 놀이 방법

1 다양한 색의 플레이콘을 준비합니다.

2 아이와 함께 화난 마음, 불쾌한 마음, 슬픈 마음, 당황한 마음, 행복한 마음 등 다양한 감정에 관해
이야기를 나눕니다.

3 아이와 이야기를 나눈 여러 감정 리스트 중 보호자와 아이가 느낀 감정 5개를 선택해 색깔을 짝지어
봅니다.(예: 화난 마음-빨간색, 불쾌한 마음-노란색, 슬픈 마음-
파란색, 당황한 마음-초록색, 행복한 마음-분홍색)

4 보호자와 아이가 오늘 느꼈던 감정들만큼의 색깔
플레이콘을 가져온 후, 선택한 양으로 자유롭게
작품을 만듭니다.

5 서로의 작품을 보고 이야기를 나눕니다.
"○○이 작품에는 빨간색이 많네.
분홍색은 아주 적게 있구나."

☺ TIP

• 매일 저녁, 마음을 하트로 표현해 종이에 그리고 그
마음에 자신이 경험한 감정들을 감정별 색깔로 칠해
봅니다. 하루 동안 가족 각자가 경험한 감정의 종류
와 양을 보면서 이야기를 나누어 봅니다.

보호자 가이드 아이와 일과에 관해 이야기를 나누는 것
은 상호 작용 과정에서 중요합니다. 아이는 이 놀이를 통
해 하루 동안 다양한 감정을 느꼈음을 알 수 있어요. 아
이들은 보통 행복감 등 긍정적인 감정만 담고 있으려고
합니다. 따라서 보호자가 먼저 화나고, 불쾌하고, 슬프고,
당황스러운 마음이 들었던 상황들을 표현해 주세요. 그
러면 아이가 자신의 감정을 자유롭게 표현하는 데 도움
이 될 수 있답니다.

만 6세
72~77개월

나는 10만큼 화가 났어

정서 놀이

놀이 효과

신체	눈-손 협응
인지	이해력
관계	갈등 해결
언어	상황 언어
정서	자기 감정 인식, 감정 조절

놀이 소개

이 시기의 아이들은 감정의 강도를 언어로 표현하기도 해요. 예를 들어 "나 많이 화났어. 나 100만큼 화났어! 조금 무서워."처럼 감정의 강도가 있음을 인식하지요. '나는 10만큼 화가 났어'는 아이에게 구체적으로 자신의 기분 정도를 판단하고 조절해 보는 기회를 주는 놀이예요. 이 놀이는 일상에서 아이가 자신의 감정을 인식하고 조절하게 도와준답니다.

준비물

체온계, 종이 온도계, 색연필

놀이 목표

자신이 느끼는 감정의 강도를 파악해 표현할 수 있어요.

☺ 놀이 방법

1 아이와 함께 체온계로 체온을 측정해 봅니다. 우리의 몸 상태에 따라 체온이 달라지는 것과 같이
우리의 감정도 체온계의 숫자처럼 변한다고 말합니다.

2 종이 온도계를 여러 장 준비합니다. 아이와 함께 종이 온도계 아래쪽에 행복한 표정, 아무렇지도 않은
무표정, 화가 난 표정, 지루한 표정, 설레는 표정 등을 그려 봅니다.

3 우리가 느끼는 감정의 온도를 1도에서 10도까지 측정하기로
합니다. 오늘 하루 동안 경험한 감정의 온도를
숫자만큼 색칠해 봅니다.

4 왜 그렇게 느꼈는지 이야기를 나눕니다.
각 단계에서 마음이 편안해지기 위한
방법이 있다면 무엇인지 이야기를
나눕니다.

☺ TIP

• 아이가 놀이에 익숙해지면, 매일 저녁 하
루 동안 느낀 감정 2~3가지를 정해서 감
정의 강도를 체크하고 언어적으로 표현
하게 합니다. 혹은 기분이 좋지 않아서 말
로 표현하기 어려울 때 종이 온도계에 감
정을 체크해 보여 주고, 잠시 시간이 필요
함을 알리는 데 사용하게 합니다.

보호자 가이드 아이들은 기분 좋은 것은 잘 표현할 수 있지만, 부정
적인 기분을 표현하는 것은 어려워해요. 그런데 감정을 수치로 표현
하면, 내가 화가 적게 났었는지 많이 났었는지 스스로 인식하게 됩
니다. 아이가 화가 많이 나는 일이 있었다면 "정말 화가 많이 났었구
나. 힘들었겠다."처럼 공감하며, 그 마음을 이해하는 상호 작용을 해
주세요. 더불어 이렇게 화가 많이 났을 때 마음에 필요한 것들이나
해소 방법은 무엇인지 함께 고민하고, 일상에서 이를 적용하는 모습
을 격려해 주세요. 그러면 아이의 감정 조절 능력이 더욱 향상될 것
입니다.

내 마음을 슝~

정서 놀이

놀이 효과

신체		눈-손 협응
인지	이해력	
관계		갈등 해결
언어	말하기	
정서	자기 감정 인식, 감정 조절	

놀이 소개

이 시기의 아이들은 자신의 문제를 어른들과 상의하지 못한 채 마음속에 담아 둘 때가 많아요. 이에 자신의 감정을 억제하고 표현하는 방법을 어려워해 "몰라.", "아무것도 아니야."처럼 얼버무리곤 하지요. '내 마음을 슝~'은 자신의 문제가 무엇인지 표현하고, 마음속에 담아 두지 않고 적절히 표현하는 방법을 이해하는 데 도움이 될 수 있답니다.

준비물

A4 용지 6장, 색연필, 연필

놀이 목표

자신의 마음속 문제를 표현하고 해결해 가는 방법을 연습할 수 있어요.

☺ 놀이 방법

1 아이와 화가 나거나 속상할 때, 서운한 마음이 들 때 어떻게 표현하는지 이야기를 나누어 봅니다.

2 아이에게 A4 용지 3장을 줍니다. 속상했는데 표현하지 못했던 일, 화가 났는데 꾹 참고 있었던 일이 있으면 그림을 그리거나 글로 적어 보게 합니다.

3 보호자도 회사나 가정에서 마음을 표현하지 못했던 부분이 있다면 적어 봅니다.

4 아이와 함께 담아만 두고 표현하지 못했던 마음들을 언어적으로 표현하고, 서로 위로하며 공감해 줍니다.

5 각자의 마음이 담긴 종이를 비행기 모양으로 접어 봅니다. 다 접은 비행기를 던져서 잡아 보고, 그 마음에 공감해 줍니다.

보호자 가이드 아이와 하루 동안 경험한 감정들을 표현해 보는 시간을 매일 가져 보세요. 아이가 이야기하는 것을 싫어한다면, 보호자의 일과와 그때의 감정을 아이에게 들려주세요. 그러면 점차 아이도 자신의 감정을 자연스럽게 표현할 거예요.

만 6세 네 마음에 필요한 비타민

72 ~ 77 개월

정서 놀이

😊 놀이 효과

신체	도구 조작
인지	이해력
관계	친밀감
언어	말하기
정서	타인 감정 인식, 공감

😊 놀이 소개

이 시기의 아이들은 타인의 감정을 이해하고, 자신의 감정을 조절하는 능력이 발달합니다. 즉, 자신의 감정을 알고 표현하는 것을 넘어서 타인의 감정을 이해하고 공감하며, 그것에 맞게 행동을 조절하지요. '네 마음에 필요한 비타민'은 타인에게 도움이 되는 감정과 마음을 파악해 이를 전할 기회를 주는 놀이랍니다.

😊 준비물

점토, 라벨지, 필기구, 투명 지퍼 백

😊 놀이 목표

상대방에게 필요한 요소들을 찾고 도움을 줄 수 있어요.

1 아이와 함께 오늘 있었던 일과 그때 느꼈던 감정에 관해 이야기를 나눕니다.

2 오늘 하루 동안 서로가 느낀 감정에 필요한 것이 무엇일지 생각해 봅니다. 마음을 전달할 수 있는 비타민을 점토로 만들어 봅니다.

3 라벨지에 비타민을 받을 사람의 이름, 필요한 감정의 종류, 먹는 횟수, 먹는 시간, 마음을 담은 짧은 글을 적습니다. 그런 후 비타민을 넣은 지퍼 백 위에 붙입니다.

4 서로에게 비타민을 전달합니다. 왜 이것이 필요했을지 이야기를 나누고, 서로에게 고마운 마음을 표현합니다.

☺ **TIP**

• 비타민 외에도 상대에게 필요한 물건 등 전달하고 싶은 마음을 점토로 표현해 봅니다.

보호자 가이드 아이와 보호자가 서로에게 필요했을 마음이 무엇인지 표현해 보고, 아이가 생각한 마음을 존중해 주세요. 더불어 아이가 보호자의 상황을 이해하고 그에 맞는 처방을 찾은 것에 대한 고마운 마음을 언어적·신체적으로 전해 주면 좋습니다.

만 6세 72~77개월 음악에 맞춰 표현해요

정서 놀이

놀이 효과

신체	신체 양측 협응
인지	시지각
관계	지시 따르기
언어	듣기
정서	자기 감정 인식, 감정 조절

놀이 소개

유아기에서 초기 아동기로 변화하는 시점에는 환경적 변화가 많습니다. 변화에 대한 긴장감을 느낄 때는 심리적 이완 경험을 통해 정서적 안정감을 도모할 수 있어요. '음악에 맞춰 표현해요'는 감정 변화를 인지하고, 음악을 통해서 감정을 조절하는 방법을 찾는 데 도움을 주는 놀이랍니다.

준비물

음악을 들을 수 있는 기기, 색 점토

놀이 목표

음악을 통한 감정 인식과 심리적 이완 경험을 통해 정서적 안정감을 도모할 수 있어요.

1 음악을 들을 수 있는 기기를 준비합니다.

2 자극적인 음악과 안정적인 음악을 하나씩 선택해 아이와 함께 듣습니다.

3 음악을 들으면서 어떤 느낌이 드는지 이야기를 나누거나, 춤을 추면서 몸으로 리듬을 느낄 수 있게 합니다.

4 음악을 다시 들을 때는 편안한 자세로 색 점토를 만지면서 감상해 봅니다. 박자에 맞춰 점토를 나누고 굴리고 뭉치는 등 다양한 모양을 만듭니다.

5 음악을 들으면서 왜 이런 모양을 만들었는지, 기분이 어땠는지 이야기를 나눕니다.

😊 **TIP**

- '자극적인 음악'의 예: 스타카토나 악센트가 많고 조성의 변화가 급격하며, 음역의 폭이 넓고 예측할 수 없는 음악 / '안정적인 음악'의 예: 평화롭고 잔잔하며, 흐름이 자연스러운 음악
- 색 점토 외에도 낙서 등 아이가 편안하게 감정을 표현할 수 있도록 해 주면 좋습니다.

보호자 가이드 음악은 사람의 감정에 많은 영향을 줍니다. 음악은 분노 조절에도 도움이 될 수 있어요. 음악을 통해 스트레스를 해소할 수도 있고, 마음을 이완하며 감정을 조절할 수도 있다는 사실을 아이에게 잘 전달해 주세요.

'다른 사과를 찾아라!(154쪽)' 단어 예시

첫소리 자음이 다른 사과 찾기 예시

단계	예시
1단계	가위 가방 **사**자 / 포도 **나**비 포크 / **키**위 소리 사슴
2단계	곰 **잠** 김 / 신발 **기**차 시소 / **나**무 침대 치즈
3단계	나 너 **소** 눈 / 과자 고래 **상**어 구멍 / 코알라 카레 **사**탕 코끼리
4단계	다 도 드 **무** 두 / 조개 주스 **고**개 종이 자전거 / 신발 시계 시소 **치**약 수박

끝소리 자음이 다른 사과 찾기 예시

단계	예시
1단계	모래 고래 사**자** / 나**무** 우비 나비 / 우**비** 포도 파도
2단계	보라 버스 바람 / 감자 가**수** 과자 / 사슴 사**자** 시소
3단계	누나 노**래** 언니 그네 / 포도 우**비** 파도 침대 / 가게 가수 시소 염소
4단계	엄마 치마 고구마 아저**씨** 아줌마 / 고래 노래 우**비** 나라 바람 / 초코 포크 나**비** 바퀴 스키

'순간 포착 퀴즈(210쪽)' 단어 예시

난이도	예시
1단계	**동물:** 사자, 고래, 하마, 나비, 오리 **음식:** 배, 사과, 포도, 자두, 우유 **신체:** 코, 귀, 머리, 다리 **탈것:** 배, 차, 버스, 기차 **기타:** 해, 바다, 파도, 모래, 무지개
2단계	**동물:** 너구리, 코끼리, 악어, 호랑이, 코알라 **음식:** 빵, 밥, 김, 과자, 파프리카, 바나나 **신체:** 눈, 입, 손, 발, 목, 얼굴 **탈것:** 사다리차, 오토바이, 자동차, 소방차, 비행기 **기타:** 산, 하늘, 허수아비, 우산, 장화
3단계	**동물:** 기린, 늑대, 공룡, 원숭이, 코뿔소 **음식:** 호박, 만두, 국수, 딸기, 수박 **색깔:** 빨강, 주황, 노랑, 초록, 파랑 **탈것:** 트럭, 경찰차, 레미콘, 포클레인, 헬리콥터 **기타:** 봄, 여름, 가을, 겨울

4장

만 6세(78~83개월)

건강한 생활 습관을 기르고,
기초 학습을 준비해요

만**6**세
78~83
개월

밤하늘의 별을 따서

신체 놀이

😊 놀이 효과

신체	눈-손 협응, 감각 발달
인지	시지각
관계	지시 따르기
언어	어휘
정서	성취감

😊 놀이 소개

'밤하늘의 별을 따서'는 다양한 재료를 가지고 노는 촉각 놀이입니다. 이런 놀이는 아이가 신발 끈을 묶고, 글을 쓰고, 코트 지퍼를 내리는 것과 같은 미세한 운동 기술을 발달시키는 데 도움을 줄수 있어요. 또한 아이는 만져 보고, 만들고, 섞는 촉각 놀이를 통해 재미있고 자연스럽게 손의 움직임을 조정하는 능력을 키울 수 있답니다.

😊 준비물

검은색 도화지, 실, 자석, 나무젓가락 또는 막대, 라이스페이퍼, 유성 매직, 가위, 클립, 물을 담은 바트

😊 놀이 목표

물에 젖은 라이스페이퍼를 손으로 만져 볼 수 있어요.

⌣ 놀이 방법

1 욕실과 같이 타일 벽이나 유리창이 있는 곳에서 놀이를 시작합니다. 적당한 공간이 없다면, 검은색
도화지를 활용해도 좋습니다.

2 아이와 함께 달, 별 등 밤하늘에 있는 것에 관해 이야기를 나눕니다. 이것들을 모아서 함께 밤하늘을
꾸며 보자고 말하며, 놀이 방법을 설명해 줍니다.

3 자석을 연결한 실을 나무젓가락이나 막대에 고정해서 낚싯대를 만듭니다.

4 라이스페이퍼에 유성 매직으로 달과 별을 그리고 색칠합니다. 달과
별의 크기가 너무 크면 무거워서 들어 올리기 힘드므로 아이의 손
크기 정도로 만듭니다. 색칠한 달과 별을 오린 후 클립을 끼웁니다.

> **주의 사항** 아이에게 라이스페이퍼의 원래 용도는
> 음식이므로 필요한 만큼만 덜어서 사용할 수 있도록
> 알려 줍니다.

5 클립을 끼운 라이스페이퍼를 물을 담은 바트에 넣습니다.
라이스페이퍼가 말랑해질 때까지 기다립니다.

> **주의 사항** 바닥에 물기가 있으면 넘어질 수 있으
> 니 주의합니다. 미끄러지면서 부딪치지 않도록 주변
> 에 있는 가구를 치웁니다.

6 낚싯대로 달과 별을 낚아 밤하늘을 꾸며 줍니다.

⌣ **TIP**

• 클립과 자석의 크기를 달리해서 난이
도를 조정해 봅니다.

보호자 가이드 아이가 새로운 재료를 만지는 것을 두려워할 수도 있습니
다. 이럴 경우에는 그냥 만져 보라고 재촉하지 마세요. 보호자가 먼저 시범
을 보여 주고, 이후에 아이가 스스로 만져 볼 수 있도록 기다려 주세요.

만6세 페트병 발 볼링

78 ~ 83 개월

신체 놀이

놀이 효과

신체	공간 지각, 운동 계획
인지	수학적 사고
관계	지시 따르기
언어	듣기
정서	성취감

놀이 소개

공을 차서 핀을 맞히려면 핀이 어디에 있는지, 핀과 내가 얼마나 떨어져 있는지 등을 먼저 확인해야 합니다. 핀을 잘 쓰러뜨리기 위해서는 거리도 다시 가늠해 보고, 움직임도 바꿔 보고, 힘도 조절해 봐야 하지요. 이런 과정을 '운동 학습'이라고 합니다. 아이는 '페트병 발 볼링'을 통해 움직임을 시도해 보고, 수정해서 다시 시도하기를 반복하면서 핀을 잘 쓰러뜨리는 동작을 배우게 된답니다.

준비물

페트병 10개, 쌀 또는 물, 공, 양말

놀이 목표

발로 공을 차서 목표물을 맞힐 수 있어요.

😊 놀이 방법

1 쌀이나 물을 넣은 페트병 10개를 준비합니다. 너무 속을 꽉 채우면 페트병이 잘 쓰러지지 않으므로 양을 조절합니다.

2 아이에게 볼링의 기본 규칙은 공을 굴려서 핀을 쓰러뜨리는 것이라고 설명합니다. 이 놀이의 규칙은 공을 발로 차서 핀을 쓰러뜨리는 것이라고 알려 주고 연습해 보게 합니다.

3 순서를 정해 한 사람이 3번씩 공을 차서 핀을 쓰러뜨립니다. 쓰러뜨린 핀의 총 개수를 세어 점수를 기록합니다.

4 공을 차는 방향과 힘의 강도에 관해 피드백해 줍니다.

😊 TIP

- 다양한 무게와 크기의 공을 사용해 봅니다.
- 아이의 힘이 약할 때는 핀으로 빈 페트병을 사용하거나 배구공처럼 크고 무거운 공을 씁니다. 발로 차서 맞히는 것이 어려우면, 공을 손으로 굴려 핀을 쓰러뜨리게 합니다.
- 양말을 일반적으로 개는 것처럼 동그랗게 접어 공 모양을 만든 후 핀을 맞혀 봅니다. 이때는 핀을 지정해 그 핀을 맞힙니다.

보호자 가이드 활동에 대한 동기는 아이의 참여에 큰 영향을 미칩니다. 적절한 난이도의 도전이 주어질 때 아이의 동기가 높아지지요. 아이가 성공할 수 있도록 난이도를 조정하고, 점진적으로 난이도를 높여 주세요. 어렵지만 끝까지 포기하지 않고 노력한 점도 꼭 칭찬해 주세요.

토끼와 거북이

신체 놀이

놀이 효과

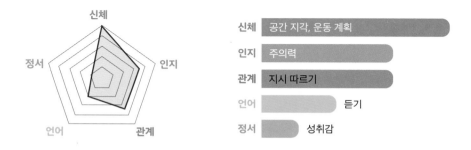

신체	공간 지각, 운동 계획
인지	주의력
관계	지시 따르기
언어	듣기
정서	성취감

놀이 소개

이 시기의 아이들은 이전보다 좀 더 능숙하게 순서와 타이밍에 맞춰 몸을 움직일 수 있고, 규칙이 있는 신체 놀이를 즐길 수 있게 돼요. 특히 '토끼와 거북이'처럼 다른 사람의 말을 듣고 빠르게 움직여야 하는 활동은 민첩성과 유연성을 발달시켜 몸을 더 정확하고 효율적으로 움직일 수 있게 한답니다.

준비물

마스킹 테이프

놀이 목표

청각적 지시를 듣고 이에 맞게 움직일 수 있어요.

😊 놀이 방법

1 바닥에 마스킹 테이프로 사다리를 만듭니다. 참여 인원수에 따라 1인당 약 50cm 너비로 사다리를 만듭니다. 사다리와 최대한 먼 지점에 출발선을 붙입니다.

2 『토끼와 거북이』 『별주부전』 등 토끼와 거북이가 등장하는 동화를 토대로 이들 움직임의 특징에 관해 이야기를 나눕니다.

😮 **주의 사항** 달리는 동작이 있으므로 부딪쳐 다칠 수 있는 물건들을 미리 치웁니다.

3 놀이 규칙을 설명합니다.
① 술래는 출발선 뒤에 서고, 나머지 사람들은 사다리 첫 칸에 섭니다.
② 술래가 "토끼!"라고 외치며 앞으로 달려 나가면, 나머지 사람들은 사다리 제일 위로 뛰어 이동합니다. 술래가 사다리에 도달할 때까지 사다리 제일 위로 이동하지 못한 사람이 있다면 술래가 잡을 수 있습니다. 술래에게 잡힌 사람은 사다리 한 칸 아래로 내려섭니다.
③ 반대로 술래가 "거북이!"라고 외치며 달려 나가는 동작만 취하면, (동작을 취하는 것은 술래 스스로 선택 가능) 나머지 사람들은 제자리에 가만히 서 있습니다. 이때 '메롱, 아니 아니, 띠용' 등의 구호를 외칠 수도 있습니다. 자리를 벗어나 사다리 위로 이동한 사람은 사다리 한 칸 아래로 내려섭니다.
④ 성공한 사람들은 사다리 한 칸 위에서 게임을 시작합니다. 최종적으로 사다리 제일 위 칸에 먼저 도달한 사람이 이깁니다.

4 역할을 정하고 놀이를 시작합니다.

😊 **TIP**

• 보호자가 각 역할의 시범을 보여 줍니다.

보호자 가이드 술래잡기할 때는 술래에게 잡힐까 봐 두근두근합니다. 놀이할 때 느끼는 긴장감은 즐겁기도 하지만, 이것을 힘들어하는 아이도 있어요. 놀이를 시작하기 전, 놀이를 중단하고 싶을 때 보낼 신호를 아이와 함께 정해 보세요. 그러면 아이의 리듬에 맞게 놀이를 진행할 수 있답니다.

만6세 누가 누가 더 멀리

78~83 개월

신체 놀이

☺ 놀이 효과

신체	공간 지각, 구강 운동
인지	위치 지각
관계	지시 따르기
언어	듣기
정서	성취감

☺ 놀이 소개

긴장했을 때 긴장을 줄이기 위해 다리를 떠는 사람도 있고, 껌을 씹는 사람도 있고, 심호흡을 하는 사람도 있습니다. 이처럼 우리는 저마다 신체의 안정적인 상태를 유지하기 위한 전략들을 가지고 있어요. '누가 누가 더 멀리'는 각성 수준을 조절하는 가장 흔한 방법인 호흡법을 배울 수 있는 놀이입니다. 긴장했을 때 심호흡을 해서 긴장을 완화하듯이, 숨을 들이쉬고 내쉬는 놀이는 아이가 집중을 필요로 하는 활동에 잘 참여할 수 있도록 도움을 줄 거예요.

☺ 준비물

폼폼이(또는 티슈, 포일), 종이, 가위, 색연필, 사인펜, 빨대, 마스킹 테이프 또는 종이컵, 탁구공

☺ 놀이 목표

빨대로 폼폼이를 불어 목표 지점까지 날릴 수 있어요.

⌣ 놀이 방법

1 아이에게 빨대를 이용해서 폼폼이를 멀리 날리는 활동을 해 보자고 말합니다.

2 보호자와 아이가 각자 자신이 원하는 폼폼이의 색을 정하고, 종이를 오려 붙이거나 사인펜으로
그림을 그려 꾸밉니다. 폼폼이가 없으면 티슈나 포일을 공 모양으로 뭉쳐서 사용합니다.

3 출발선을 정하고 폼폼이를 출발선에 놓습니다. 빨대로 폼폼이를
불어서 누가 더 멀리 보내는지 대결해 봅니다.

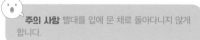

주의 사항 빨대를 입에 문 채로 돌아다니지 않게
합니다.

⌣ TIP

• 테이블 양쪽 끝에 골대를 만듭니다. 마스킹 테이프
로 표시하거나 종이컵을 눕혀서 붙입니다. 빨대로
탁구공에 바람을 불어 축구를 합니다.

보호자 가이드 깨어 있는 수준을 의미하는 각성은 너무 낮거
나 높으면 활동을 잘 수행할 수 없어요. 너무 피곤할 때나 너무
흥분했을 때 무언가를 정확하게 하기 힘든 것과 같지요. 숨을
들이쉬고 내쉬는 호흡으로 각성을 조절할 수 있어요. 놀이하
는 동안 아이의 각성 변화를 관찰해 주세요.

내 몸 탐험대

신체 놀이

놀이 효과

신체 | 공간 지각, 감각 발달
인지 | 시지각
관계 | 친밀감
언어 | 어휘
정서 | 자아 존중

놀이 소개

가슴은 빠르게 달렸을 때도, 좋아하는 놀이를 하기 전에도 콩닥콩닥 뛰어요. 이처럼 우리의 몸은 경험하고 있는 상황에 따라 여러 신호를 보냅니다. '내 몸 탐험대'를 통해 내 몸이 보내는 신호들을 살펴보면, 내 상황에 대해 잘 이해하게 될 거예요.

준비물
전지, 사인펜, 색연필, 크레파스

놀이 목표
신체 감각을 이해할 수 있어요.

‿‿ 놀이 방법

1 전지를 바닥에 고정합니다.

2 아이에게 놀이 방법을 설명해 줍니다.
"오늘은 우리 몸이 어떻게 생겼는지 살펴볼 거야."

3 아이를 전지 위에 눕히고, 아이의 몸 윤곽을 따라 선을 그립니다.

4 이번에는 보호자가 전지 위에 눕고, 아이가 보호자의 몸 윤곽대로 선을 그리게 합니다.

5 다음 상황들에 대한 몸의 느낌을 이야기하고, 전지에 그린 몸 위에 그림으로 표현해 봅니다.
- 추위나 더위에 대한 몸의 느낌
- 밝은 빛을 보았을 때, 매운 음식을 먹었을 때, 귀지를 제거할 때, 머리를 감을 때 몸의 느낌
- 배가 고플 때, 넘어지거나 다쳤을 때 몸의 느낌
- 제자리 돌기, 앞구르기, 빨리 달리기, 세게 손뼉 치기 등 특정 동작 후 몸의 느낌

보호자 가이드 우리 몸은 격렬한 운동을 하거나 긴장했을 때 가슴이 두근거리고 땀이 납니다. 아이와 함께 감정에 따라 나타나는 신체 반응에 관해서도 이야기를 나누어 보세요. 그러면 신체 반응과 감정 경험을 연결해 볼 수 있답니다.

만6세 도형 놀이

78~83 개월

인지 놀이

놀이 효과

신체	눈-손 협응
인지	수학적 사고, 문제 해결력
관계	지시 따르기
언어	어휘
정서	성취감

놀이 소개

이 시기의 아이들은 직육면체, 원기둥, 구 등 입체 도형의 모양을 인식하고 이해할 수 있어요. 아이는 '도형 놀이'를 통해 평면 도형으로 여러 가지 모양을 만들면서 도형의 결합과 분해 과정을 익힐 수 있습니다. 그러면서 도형을 이해하게 되지요. 아이에게 입체 도형을 소개하는 가장 좋은 방법은 주변에서 실제로 사용하는 사물들을 활용하는 것입니다. 주변 사물들을 통해 입체 도형을 발견하고 이해하는 것은 공간적 사고력과 시각적 지각력을 향상시킬 수 있답니다.

준비물

모양 만들기 게임 지시문, 삼각형 모양으로 자른 종이

놀이 목표

모양을 인지하고 결합할 수 있어요. 같은 모양을 찾을 수 있어요.

모양 만들기 게임

1 아이에게 '2개의 세모로 큰 네모를 만들어 보세요.', '세모 2개로 나비를 만들어 보세요.', '4개의 삼각형으로 집을 만들어 보세요.', '삼각형 5개로 트리를 만들어 보세요.' 등이 적힌 지시문을 줍니다.

2 지시문 내용에 따라 도형을 만들어 봅니다.

3 아이가 도형을 잘 결합한다면, 삼각형 외에 다른 모양도 추가해서 놀이해 봅니다.

도형 찾기 게임

1 아이에게 우리 주변에는 여러 모양이 있다는 것을 말하고, 모양을 찾는 놀이를 할 것이라고 설명합니다.

2 보호자가 "동그라미!"라고 외치면, 아이가 동그라미 모양인 물체를 가져옵니다. 평면 도형인 동그라미, 네모, 세모나 입체 도형인 직육면체(상자 모양), 원기둥(기둥 모양), 구(공 모양) 등 제시하는 모양의 물체를 찾으면 점수를 얻습니다.

☺ **TIP**

• 아이가 도형에 대한 인식이 부족하면, 도형 활동을 어려워할 수 있습니다. 이럴 경우에는 간단한 도형과 이름을 정확하게 알려 준 다음 활동을 시작합니다. 아이가 지시문을 어려워하면, 그림으로 보여 주고 똑같이 만들어 보는 것을 먼저 연습합니다. 그런 후 지시문대로 모양 만들기를 해 봅니다.

보호자 가이드 도형 찾기 게임을 할 때 빨리 도형을 찾는 사람이 이기는 방식으로 하면, 아이가 서두르다 가 다칠 수도 있습니다. 따라서 늦게 찾더라도 모양이 정확하면 점수를 얻게 함으로써, 속도보다는 정확도에 초점을 맞출 수 있도록 도와주세요.

만6세
78~83 개월

얼마나 기억할 수 있을까?

인지 놀이

놀이 효과

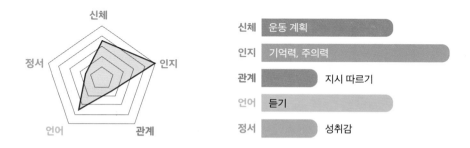

신체	운동 계획
인지	기억력, 주의력
관계	지시 따르기
언어	듣기
정서	성취감

놀이 소개

어떤 지시를 듣고, 그 지시에 따라 자신의 움직임을 조절하는 것은 생각만큼 간단하지 않아요. 이 활동이 이루어질 때 우리의 뇌는 주의를 집중해서 새로운 내용을 받아들이고, 그 내용을 기억하고 이해하며, 어떻게 해야 할지 계획하고, 실행을 명령하는 과정까지 거칩니다. 이러한 지시 따르기는 학습 준비의 기초 과정으로 볼 수 있어요. 아이들이 학교에서 공부할 때 뇌에서 일어나야 하는 과정이기 때문이지요. '얼마나 기억할 수 있을까?'는 이러한 정보 처리 과정과 주의 집중, 나아가 학습 준비에 도움을 주는 놀이랍니다.

준비물

없음

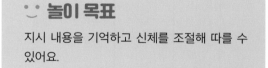

놀이 목표

지시 내용을 기억하고 신체를 조절해 따를 수 있어요.

😊 놀이 방법

1 아이에게 동작 기억하기 놀이를 할 것이라고 설명합니다.

2 아이와 함께 동작으로 옮겨야 하는 지시를 만들어 봅니다. '1번은 머리에 손 올리기', '2번은 점프하기', '3번은 혀 내밀기' 등으로 정합니다.

3 처음에는 '1번–동작–2번–동작–3번–동작'처럼 순차적으로 1번부터 제시해 봅니다. 아이가 잘 수행하면, 거꾸로 번호를 부르거나 "3-1-2!"처럼 빠르게 번호 3개를 이어 부릅니다. 아이는 번호 순서에 맞게 동작을 수행합니다.

> 1번!

😊 TIP

- 아이가 잘 기억한다면 '4번은 박수 치기', '5번은 제자리 에서 한 바퀴 돌기' 등 동작을 추가합니다. 동작은 아이 와 함께 정해 봅니다.

- '1번은 머리에 손 올리기'처럼 한 번에 하나의 동작을 정 해야 아이가 기억하기 좋습니다. 아이가 잘 기억한다면, '1번은 머리에 손 올리면서 한쪽 다리 들기'처럼 여러 가 지 동작을 하나의 번호로 정해 놀이할 수도 있습니다.

보호자 가이드 '얼마나 기억할 수 있을까?'는 아이의 청각적 주의력과 작업 기억, 몸의 조절을 골고루 자 극하는 놀이입니다. 힘이 넘치고 활동성이 강한 아 이는 지나치게 활동적인 동작을 추가하려고 할 수도 있어요. 여럿이 함께할 때는 다른 친구들도 충분히 즐길 수 있을 정도의 동작을 하도록 도와주세요.

더하기 농구

인지 놀이

놀이 효과

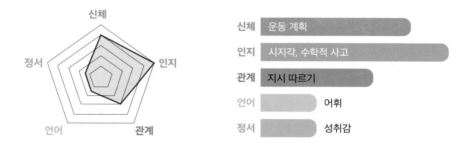

신체	운동 계획
인지	시지각, 수학적 사고
관계	지시 따르기
언어	어휘
정서	성취감

놀이 소개

이 시기의 아이들은 수를 배울 때 몸으로 느끼면 잘 잊어버리지 않고 더 효과적으로 익히게 됩니다. '더하기 농구'는 한 자리 수를 가르고 모으는 놀이예요. 컵이나 상자에 공을 넣는 신체 활동을 통해서 수에 대한 감각과 연산 능력을 기를 수 있답니다.

준비물

조금 큰 일회용 컵 또는 상자 9개, 큰 바구니 또는 통, 작은 공 여러 개, 종이, 필기구, 테이프

놀이 목표

한 자릿수와 한 자릿수의 덧셈을 할 수 있어요. 받아 올림이 없는 세 수의 덧셈을 할 수 있어요.

놀이 방법

1 일회용 컵이나 상자에 1~9까지의 숫자를 적거나 종이에 써서 붙입니다.

2 아이에게 농구는 골대에 공을 넣는 경기라고 설명하고, 더하기 농구를 해 보자고 이야기합니다.

3 보호자가 숫자를 하나 정해 외칩니다.

4 아이는 더해서 보호자가 말한 숫자가 될 수 있는 2개 또는 3개의 수를 목표로 공을 던집니다. 예를 들어 보호자가 7을 외치면, 아이는 2와 5가 적힌 컵이나 상자에 공을 던집니다.

☺ TIP

- 더하기로 5를 만들어야 하는 상황에서 아이가 1과 4를 생각한 후 1을 향해 던졌으나 공이 2에 들어갔다면, 스스로 식을 수정해 목표했던 4가 아닌 3으로 던질 수 있습니다. 이는 전략 사용, 문제 해결 능력 등으로 이어져 아이의 자기 주도적 학습에 도움이 될 수 있습니다. 아이가 두 수의 덧셈에 익숙해지면, 5를 만들어야 하는 상황에서 1, 2, 2에 던지게 하는 등 세 수 덧셈하기로 변경해 진행할 수 있습니다.

보호자 가이드 아이에게는 공을 컵이나 상자 안에 넣는 것 자체가 어려울 수 있습니다. 큰 바구니 또는 통을 준비하거나 공 넣기를 충분히 연습한 후 '더하기 농구'를 해 보세요.

만6세 78~83 개월 시간을 익혀요(2) 30분

놀이 효과

신체	눈-손 협응
인지	이해력, 수학적 사고
관계	지시 따르기
언어	어휘
정서	성취감

놀이 소개

시간은 추상적인 개념이기 때문에 아이들이 이해하기 어려울 수 있습니다. '시간을 익혀요(2) 30분'은 시계를 보면서 30분 단위의 시각을 읽어 보는 놀이예요. 시계 보는 방법을 익히는 것은 어제와 오늘, 오전과 오후 같은 시간의 흐름과 개념을 형성하는 데 도움이 된답니다.

준비물

실제 시계 또는 시계 교구('종이컵 손목시계 만들기'에서 만든 시계 활용 가능), 시계 그림이 있는 활동지, 연필

놀이 목표

30분 단위의 시각을 읽을 수 있어요.

😊 놀이 방법

1 보호자는 실제 시계나 시계 교구 등으로 시각(정시)을 가리키고, 아이는 그 시각을 읽어 봅니다.

2 아이에게 시계의 긴 바늘은 '분'을 가리킨다는 것을 설명합니다. 긴 바늘을 12에서 6으로 옮기고 '30분'이라고 읽는다는 것을 알려 줍니다.

3 짧은 바늘을 각 숫자의 중간에 두고, 긴 바늘이 6을 가리킬 때 각 시각의 '30분'을 말하는 시범을 보입니다. 아이에게 1시 30분, 2시 30분 등 각 시각의 '30분'을 따라 말해 보게 합니다.

4 시계 그림이 있는 활동지를 준비한 후 아이에게 시간에 관한 문제를 제시합니다.

  ① 왼편에는 시계 그림 여러 개, 오른편에는 'O시 30분'이라고 써 두어 맞는 시각을 연결해 보게 합니다. 예를 들면 1시 30분을 가리킨 시계 그림과 '1시 30분' 글자를 연결하게 합니다.

  ② 시계 그림(O시 30분) 밑에 빈칸을 만들어 놓고 시각을 써 보라고 합니다.

😊 TIP

- 정시를 이해한 후 30분 단위의 시각을 읽게 합니다. 30분은 시침이 두 숫자 사이에 있어 아이가 앞의 수를 읽어야 할지, 뒤의 수를 읽어야 할지 혼동할 수 있습니다. 수가 적은 것을 읽는 것이 규칙임을 알려 시각을 읽는 데 어려움이 없게 합니다.

- 일어나기, 잠자리 들기, 식사하기 등 정해진 시각에 하는 일상에 관해 이야기하며 시간의 편리함을 인식하게 도와줍니다. 시간을 배운 후 O시까지 TV 보기, O시 30분까지 놀기 등 일상에서도 활용해 봅니다.

> **보호자 가이드** 시간을 익히는 것이 왜 중요한지 생활에 필요한 부분을 연결해서 설명해 주세요. 그러면 동기를 높이는 데 도움이 된답니다.

잘 듣고 따라 해 봐!

인지 놀이

놀이 효과

신체	운동 계획	
인지	주의력, 이해력	
관계	지시 따르기	
언어	듣기	
정서		성취감

놀이 소개

'잘 듣고 따라 해 봐!'는 오감 중 특히 소리에 집중하는 청각적 주의력에 도움이 되는 놀이입니다. 아이는 지시를 잘 듣고 그 지시에 맞게 행동하는 과정을 통해서 집중력을 높일 수 있어요. 또한 아이가 본격적으로 학습을 시작하고 과제를 수행할 때 성공할 확률을 높일 수 있어서 성취감 향상에도 도움이 된답니다.

준비물

없음

놀이 목표

집중해서 지시를 듣고 따를 수 있어요.

☺ 놀이 방법

코코코코 게임

1 보호자와 아이가 마주 앉습니다.

2 보호자와 아이가 "코코코코." 하며 손가락으로 자신의 코를 가리키다가 보호자가 신체 부위를 외치며 그 부위와 다른 곳을 손가락으로 가리킵니다.

3 아이가 보호자의 행동이 아니라 말에 해당하는 신체 부위를 가리키면 성공입니다.

노래 듣고 박수 치기

1 자음을 하나 정한 후(예: 'ㅇ'), 보호자가 노래를 천천히 부릅니다.(예: <산토끼>)

2 아이는 잘 듣고 지정된 자음이 들어간 글자가 나오면 박수를 칩니다.(예: "산토끼 토끼<u>야</u>, <u>어</u>디로 가느냐. 깡총깡총 뛰면서 <u>어</u>디를 가느냐." 중 'ㅇ'이 나오는 밑줄 친 부분에서 박수)

가라사대 게임

1 보호자와 아이가 마주 보고 섭니다.

2 보호자가 "가라사대."라고 말하면서 행동을 지시하면, 아이는 그 행동을 따라 합니다. 단, '가라사대' 없이 지시하면 그 행동은 하지 않도록 합니다.(예: "가라사대 제자리에서 점프!" → 점프 ○ / "제자리에서 점프!" → 점프 ✕)

3 '가라사대'를 말하지 않았는데 움직이거나 '가라사대' 뒤에 오는 지시를 따르지 않은 사람이 다음 술래가 되어 게임을 진행합니다.

가라사대 제자리에서 점프!

☺ TIP

• '코코코코 게임'에서 귀로 '입'이라는 지시를 들었지만 상대방이 귀를 가리킨다면, 자신도 모르게 시각적 정보(방해 요소)를 따라가게 됩니다. 상대방의 손동작(시각 자극)에 방해받지 않고, 말(청각 자극)에 집중해야 합니다.

보호자 가이드 이 놀이를 하려면 순간적인 집중력은 기본이고, 그 집중을 유지하는 데 많은 노력을 기울여야 해요. 따라서 아이가 한 번에 성공하지 못하더라도 꾸준히 연습하면 잘할 수 있다고 말하며 지지해 주세요.

우리 가족 패션 왕

관계 놀이

놀이 효과

신체	자조
인지	시지각
관계	친밀감, 친사회적 행동
언어	말하기
정서	주도성

놀이 소개

아이가 경험한 가족과의 관계는 다른 사람과의 관계 형성에 영향을 줍니다. '우리 가족 패션 왕'은 가족 간에 관심을 가지고 서로의 필요를 채워 주는 방법을 표현해 보는 놀이예요. 이러한 과정은 다른 사람과 긍정적인 관계를 맺도록 도와준답니다.

준비물

집에 있는 옷과 소품, 2절 크기의 다양한 색 습자지, 가위, 풀, 테이프

놀이 목표

다른 사람의 특성을 이해하고, 가족 내 유대적 관계를 경험할 수 있어요.

😌 놀이 방법

1 아이와 함께 패션쇼 영상을 짧게 시청합니다. 패션쇼에 관해 이야기를 나누고, 서로 디자이너가 되어 가족 패션쇼를 하자고 제안합니다.

2 보호자와 아이의 옷, 신발, 액세서리 등을 함께 살펴봅니다. 어떤 옷들과 소품들이 있는지, 서로에게 무엇이 어울릴지 생각해 봅니다.

3 아이는 엄마, 엄마는 아빠, 아빠는 아이 등 서로 어울리는 패션이 무엇일지 생각한 후 다양한 색 습자지로 상대방의 의상을 만듭니다.

4 의상을 다 만든 후 디자인의 목적과 이유를 소개합니다. 순서대로 워킹을 하고 함께 사진을 찍습니다. 서로 멋지게 디자인해 준 과정을 격려하고 고마움을 표현합니다.

😌 **TIP**

• 아이가 놀이에 익숙해지면, 상대방에게 어울릴 만한 다양한 액세서리를 만들어 서로 선물하는 놀이로 확장할 수 있습니다.

보호자 가이드 이 놀이의 목적은 의상을 잘 만드는 것이 아닙니다. 아이에게 "나는 저 옷을 입고 싶은데. 저게 더 예쁜 거 같아. 더 예쁘게 만들어 줘."처럼 말하는 것은 삼가 주세요. 대신 "내게 이것이 필요하다고 생각했구나. 이 색깔이 내게 어울리는 것 같아."처럼 아이의 생각을 존중하는 상호 작용을 해 주세요.

만6세 피자가 되어요

78~83 개월

관계 놀이

놀이 효과

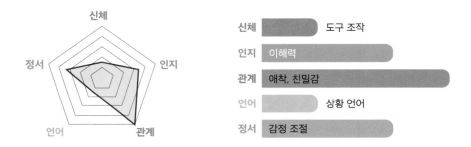

신체	도구 조작
인지	이해력
관계	애착, 친밀감
언어	상황 언어
정서	감정 조절

놀이 소개

아이가 학령기가 되면 놀이하는 시간보다 게임을 하거나 학습하는 시간이 많아집니다. 이 시기에도 아이에게는 보호자와의 스킨십이 중요해요. '피자가 되어요'는 생활 속에서 쌓인 긴장감과 스트레스를 해소하고, 보호자와의 친밀감도 더욱 깊어질 수 있는 놀이랍니다.

준비물

토핑 재료로 쓸 종이 또는 소품, 가위

놀이 목표

자연스러운 스킨십을 통해 심리적 이완을 돕고 친밀감을 높일 수 있어요.

☺ 놀이 방법

1 아이에게 오늘은 인간 피자를 만들어 볼 것이라고 설명합니다. 영상이나 그림 등으로 피자를 만드는 순서를 확인해 봅니다.

2 피자 위에 올릴 토핑 재료를 준비합니다. 종이를 자르거나 필요한 소품들을 집 안에서 찾아오도록 합니다.(예: 치즈-흰 종이를 길게 자르기, 토마토-게임 칩, 페퍼로니-빨간 색종이를 동그랗게 자르기 등)

3 아이가 피자 도우가 되도록 바닥에 눕힙니다. 보호자는 도우 반죽을 하는 것처럼 아이의 몸을 마사지해 줍니다.

4 아이 몸에 토핑 재료를 이야기하면서 올려 줍니다. 피자를 구울 시간이라고 말하면서 아이의 몸을 제자리에서 빙글빙글 돌려 줍니다.

5 '땅' 소리를 내며 오븐에서 다 구워졌다고 말합니다. 아이에게 보호자가 "이제 잘라서 먹어 볼까?"라고 말하면 도망가라고 알려 줍니다. 보호자가 도망간 아이를 잡으면, 역할을 바꾸어 놀이합니다.

보호자 가이드 아이를 피자 도우라고 하면서 반죽할 때 "조물조물.", "더 맛있는 피자 도우가 되려면 반죽을 해야 돼요. 쭉쭉 늘여 볼까?"처럼 표현하면, 아이도 즐겁고 이 완된 경험을 할 수 있습니다. 피자를 오븐에 구울 때도 "아, 뜨거워! 점점 부풀어 가네요. 윙윙~ 더 빨리 오븐 안에서 돌아가요."처럼 움직임을 다양하게 해 주면, 더 즐겁게 놀이할 수 있답니다.

만6세 친구야 나랑 놀자

78~83 개월

관계 놀이

놀이 효과

신체 ▮▮ 눈-손 협응
인지 ▮▮▮▮▮ 문제 해결력
관계 ▮▮▮▮▮▮▮▮ 친사회적 행동, 사회적 규범 이해
언어 ▮▮▮ 쓰기
정서 ▮▮▮▮▮▮ 주도성

놀이 소개

이 시기의 아이들은 또래에게 친밀감을 표현하고, 관계를 유지하기 위해 친구를 자신의 생일에 초대하거나 친구와 약속을 정하기도 해요. '친구야 나랑 놀자'는 가정 내에서 약속 정하는 법을 연습하고, 또래에 대한 친밀감을 구체적으로 표현할 기회를 주는 놀이입니다. 이 과정은 긍정적인 관계 형성에 도움이 된답니다.

준비물

도화지, 색종이, 가위, 풀, 필기구, 스티커

놀이 목표

또래에게 친근한 마음을 전할 수 있어요.

😊 놀이 방법

1 아이에게 소중하게 생각하는 친구가 있는지 묻고, 그 친구에 관해 이야기를 나누어 봅니다. 친구와
하고 싶은 놀이가 무엇이며, 언제 친구와 놀고 싶은지 물어봅니다.

2 친구와 놀기 위해서는 서로 약속이 필요하다는 것을 말해 줍니다. 집이나 키즈 카페 등 친구와 함께
놀 장소와 날짜, 시간 등을 계획해 봅니다.

3 '나와 함께 놀자'는 의미를 담아 초대장을 만듭니다. 장소, 날짜, 시간
등을 적고, 함께 놀 수 있는지 동의를 구하는 문구도 작성합니다.
친구에게 하고 싶은 말도 함께 적어 보도록 합니다.

4 완성한 초대장을 친구에게 어떻게 전달할지 이야기를
나눈 후 직접 전달해 보게 합니다.

😊 TIP

• 완성한 초대장을 사진으로 찍은
후 SNS나 문자 메시지 등으로
보내도 좋습니다.

보호자 가이드 아이들은 친구와 함께 놀고 싶은 마음에 무턱대고 "우리
놀이터에서 보는 거야!"라고 말할 때가 많아요. 아이들에게도 서로 약속
하는 방법을 알려 주면, 중요한 관계적 연습이 될 수 있습니다. 소극적이
거나 수줍음이 많은 아이는 직접 말하는 것을 부끄러워하므로 가정 내에
서 초대장 전달하기를 연습해 보는 것도 도움이 될 수 있어요. 이때 "자신
감 있게 해 봐."처럼 재촉하기보다는 작은 표현도 격려해 주면, 아이는 자
신감을 가지고 친구에게 자신의 마음을 표현할 수 있을 거예요.

만6세
78~83
개월

주문할게요

관계 놀이

놀이 효과

신체	눈-손 협응
인지	문제 해결력
관계	친사회적 행동, 사회적 규범 이해
언어	상황 언어
정서	주도성

놀이 소개

이 시기의 아이들은 사회적 경험이 늘어납니다. 여러 관계에서 의견을 조율하고 문제 상황에 대한 대처 능력을 키워야 하는 시기이자, 새로운 방법을 시도해 보는 과정이 필요한 시기지요. 아이는 일상에서 만날 수 있는 상황을 가정한 '주문할게요'를 통해 의견을 조율하고 상황에 대처하는 방법을 연습할 수 있답니다.

준비물

도화지, 색연필, 사인펜, 연필, 카페 놀이를 위한 용품(컵, 그릇, 음식 모형 또는 실제 간식 등)

놀이 목표

일상에서 경험하는 다양한 사회적 관계 상황을 재연해 볼 수 있어요.

☺ 놀이 방법

1 아이와 함께 카페에 갔을 때 기억에 남은 상황들에 관해 이야기를 나누어 봅니다.

2 그때 카페에서 보았던 사람들의 행동 중 기억에 남은 것과 카페 메뉴들을 생각하며 창의적인 메뉴판을 만들어 봅니다.

3 카페 놀이를 하기 위해 필요한 물건들을 함께 알아봅니다. 가정에서 사용할 수 있는 장난감이나 실제 물건들을 준비합니다.

4 아이와 함께 주문을 받거나 주문을 할 때 해야 하는 인사나 말을 표현해 봅니다.
"카페에 가면 누가 있었는지 기억나니?", "주문을 받는 분과 주문하려는 손님이 있었지?", "주문을 받는 분은 어떻게 인사할까?", "어서 오세요. 주문하시겠습니까, 손님. 무엇을 도와 드릴까요?", "손님이 주문하고 나면 '얼마입니다.' 이야기하고 계산도 해 주지? 메뉴가 나오면 찾아갈 수 있게 진동 벨을 주거나 번호를 알려 주기도 하고. 그다음에는 어떤 이야기를 했는지 생각나?", "주문받은 메뉴들을 주면서 '여기 있습니다, 손님. 맛있게 드세요.'라고 인사할 수 있겠다."

5 각자 역할을 정해 카페 놀이를 해 봅니다.

☺ TIP

- 만 6세 관계 놀이인 '무엇이 무엇이 똑같을까?'를 활용해 가족 구성원이 좋아하는 음료를 파악하고, 대신 주문해 주는 과정도 함께 할 수 있습니다.

- 카페가 아니어도 식당이나 학원 등 아이가 일상에서 경험하는 공간 중 역할 놀이로 표현해 보고 싶은 곳을 정해도 좋습니다.

보호자 가이드 아이는 이 놀이를 통해 일상에서 관찰하고 느끼고 생각한 것을 표현해 볼 수 있습니다. 어른의 시각에서 놓쳤던 부분, 즉 아이는 무엇을 중요하게 보았고 무엇에 관심이 있었는지를 이해할 수 있는 기회예요. 또 아이에게 사회적 관계에서의 표현을 알려 주고, 공공질서 개념도 익히게 해 줄 기회이기도 하지요. 단, 지시적으로 "이럴 땐 이렇게 해야지."가 아니라 보호자가 모델이 되어 아이가 자연스럽게 배울 수 있도록 해 주세요. 역할 놀이의 경우에는 보호자가 함께 몰입해서 놀기 어렵고, "이렇게 말해 봐."처럼 지시하면 아이가 불편을 느낄 수도 있습니다. 이때는 15~20분 정도로 놀이 시간을 정하고, 적어도 그동안은 아이가 주도하고 보호자도 몰입하는 역할 놀이가 되도록 해 주세요.

만6세 우리 가족 여행 보드게임 만들기

78~83 개월

관계 놀이

😊 놀이 효과

신체	눈-손 협응
인지	문제 해결력
관계	친사회적 행동, 갈등 해결
언어	상황 언어
정서	주도성

😊 놀이 소개

이 시기의 아이들은 또래 관계와 더불어 가족 간의 친밀감을 중요하게 생각해요. '우리 가족 여행 보드게임 만들기'는 가족 구성원과 함께 의견을 조율하며 창의적인 게임을 만들어 보는 놀이입니다. 아이는 이 놀이를 통해 주도적이고 협력적인 관계 연습과 유대감을 경험할 수 있답니다.

😊 준비물

도화지 또는 스케치북, 색연필, 연필

😊 놀이 목표

적절한 의사소통과 협력적인 관계 연습을 할 수 있어요.

☺ 놀이 방법

1 아이와 함께 다양한 보드게임에 관해 이야기를 나눕니다. 우리 가족 여행을 테마로 한 보드게임을 만들어 보기로 합니다.

2 가위바위보, 사다리 타기, 묵찌빠, 주사위 던지기 등 게임 순서를 정할 수 있는 방법을 고르고, 서로 상의해 보드게임 칸을 만듭니다.

3 보드게임 칸 안에 '티켓을 잃어버렸다. 뒤로 3칸 이동', '이벤트 쿠폰에 당첨되었다. 앞으로 2칸 이동' 등 여행에서 일어날 일들을 상상한 내용을 적고, 미션 내용도 창의적으로 함께 적어 봅니다.

4 아이와 함께 게임을 진행합니다. 이후 우리 가족 여행 게임이 어땠는지 이야기를 나누어 봅니다.

☺ **TIP**

• 아이가 놀이에 익숙해지면, 여행 테마가 아닌 다른 테마로 새로운 보드게임을 만들어 봅니다.

> **보호자 가이드** 아이가 의견을 제시하면, "정말 창의적이다!", "그런 방법도 정말 재미있겠다." 처럼 격려해 주세요. 적절하지 않은 생각에 관해서도 "그 방법도 특별한데 ~을(를) 추가해 보면 어떨까?"처럼 아이의 의견을 존중하되, 스스로 수정해 볼 수 있는 기회를 주세요.

만6세
78~83개월

상상 속 이야기 나라

언어 놀이

놀이 효과

신체	눈-손 협응
인지	이해력
관계	지시 따르기
언어	듣기, 말하기
정서	주도성

놀이 소개

이 시기의 아이들은 이야기하는 능력이 더 발달해요. 그래서 이야기 주제를 유지하기 위해 적절한 어휘나 연결 어미, 접속사, 지시어와 같은 '담화적 결속 장치'를 사용하게 되지요. 또 대화할 때 상대방의 입장을 고려해 정보를 제공하거나 반대로 특정 정보를 요구하는 참조와 추론에도 더욱 능숙해집니다. 어른과 유사한 수준으로 인과 관계가 분명한 언어 구조를 갖추게 되기도 하고요. '상상 속 이야기 나라'는 상대방의 말을 주의 깊게 듣고 하나의 이야기로 만들어 가는 놀이예요. 이 놀이는 대화 주제를 이해하며 유지하고, 차례를 기다리는 등 언어를 상황에 맞게 사용하는 화용 기술의 향상을 돕는답니다.

준비물

낱말 카드 또는 사물 카드, 포스트잇, 녹음기, 게임용 폭탄

놀이 목표

상대방의 말을 잘 듣고 주제를 유지하며 하나의 이야기를 완성할 수 있어요.

˘˘ 놀이 방법

1 낱말 카드나 사물 카드 여러 장을 보이지 않게 뒤집어 책상 위에 놓고 아이와 나란히 앉습니다. 카드 뒤의 글자가 보이면 포스트잇으로 글자를 가립니다.

2 먼저 여러 카드 중 2장을 뒤집습니다. 뒤집힌 카드의 낱말이나 사물을 사용해 문장을 만드는 연습을 해 봅니다.

3 아이가 문장을 만드는 데 익숙해지면, 휴대폰이나 녹음기로 녹음을 시작합니다. 각자 카드를 한 장씩 뒤집어 문장을 만듭니다. 이때 상대방이 만든 문장과 이야기가 연결되도록 만들어 봅니다.

4 카드가 다 뒤집히면 녹음기를 끄고 이야기를 들어 봅니다. 어떤 이야기가 나왔는지, 생각한 대로 이야기가 흘러갔는지, 어느 부분이 재미있는지 느낌을 나누어 봅니다.

> 사과가 여행을 갑니다.
> 비가 와서 우산을 씁니다.

˘˘ TIP

- 놀이를 어려워하는 아이에게는 어느 정도 연관이 있는 낱말 이나 사물을 제시하고, 개수도 4개 정도로 적게 시작합니다. 보호자가 시범으로 첫 문장을 제시하고, 번갈아 가며 이야기 를 만들어 봅니다. 아이가 놀이에 익숙해지면, 낱말이나 사 물의 개수를 늘립니다.

- 처음부터 아이가 놀이에 익숙하면, 게임용 폭탄이나 휴대폰 알람을 맞춰 시간제한이나 폭탄 소리로 극적인 재미를 더합 니다. 하지만 아이가 소리에 예민하다면, 휴대폰 알람이나 폭탄 소리를 무서워할 수도 있습니다. 이럴 경우에는 사용하 지 않아도 무방합니다.

> 😮 **주의 사항** 게임용 폭탄이나 휴대폰 등을 사용할 때 제대로 전달하지 않아서 떨어뜨리지 않도록 주의 합니다.

보호자 가이드 어떤 표현이라도 아이의 노 력 자체에 긍정적인 반응을 보여 주세요. 처 음에는 각자 원하는 문장을 말하느라 하나 의 주제를 가진 이야기로 만들기 어렵습니 다. 한 번은 아이가 원하는 대로 이야기를 만들어 보고, 한 번은 앞뒤 상황이 잘 연결 되게 이야기를 이끌어 보세요. 아이가 상대 방의 말을 끝까지 안 듣거나 상황에 맞지 않 게 끼어든다면, 상대방의 말을 끝까지 듣고 난 다음 이야기해야 한다고 환기시켜 주세 요. 아이가 잘 기다렸으면, 엄지 척이나 OK 사인 등의 제스처로 칭찬해 주세요.

만6세 78~83개월 순간 포착 퀴즈

언어 놀이

놀이 효과

신체	감각 발달
인지	주의력
관계	지시 따르기
언어	읽기, 상황 언어
정서	성취감

놀이 소개

읽기 능력을 예측하는 요인 중 '빠른 이름 대기(친숙한 사물이나 글자 등 시각적 자극을 최대한 빨리 읽고 해당 어휘를 빨리 기억해 인출하기)'가 있습니다. 언어 발달에는 시지각 능력도 아주 중요한 요인 중 하나예요. '순간 포착 퀴즈'는 눈에 들어온 글씨, 시각 자극을 짧은 시간 안에 인식하고 기억해서 말하는 놀이입니다. 이 놀이는 아이의 읽기 능력을 향상시키는 데 도움이 된답니다.

준비물

스케치북 또는 종이, 매직, 보호자가 직접 그린 사물 그림 또는 그림 카드

놀이 목표

빠른 이름 대기와 단어 읽기 능력을 향상시킬 수 있어요.

☺ 놀이 방법

1 난이도 1단계 단어(176쪽 단어 예시 참조) 중 아이에게 익숙한 단어 10개를 선정해 보호자가 스케치북이나 종이에 적습니다. 보호자가 아이에게 익숙한 단어를 임의로 선정해도 좋습니다.

2 아이에게 '빨리 읽기 게임'을 할 것이라고 설명합니다.

3 보호자가 스케치북을 들고 아이에게 1~2초 정도 단어를 보여 준 다음 내립니다. 아이에게 본 단어를 말해 달라고 합니다. 잘 모르겠으면 "모르겠어요."라고 말하라고 합니다.

4 아이가 본 단어를 말하면 다음 단어로 넘어가고, 모르겠다고 말하면 한 번 더 보여 줍니다. 그래도 말하지 못하면 다음 단어로 넘어갑니다.

5 게임이 끝나면 맞힌 단어를 확인합니다. 아이가 읽기 어려워했던 글자를 함께 천천히 읽어 봅니다.

6 아이가 어려워했던 글자와 난이도 1단계의 새로운 단어를 섞어서 활동을 반복합니다.

7 이번에는 아이가 문제를 내고, 보호자가 맞혀 봅니다.

8 난이도 2단계, 3단계로 넘어갑니다.

☺ TIP

- 아이가 글자를 빠르게 읽지 못하면, 보호자가 직접 그린 사물 그림 또는 그림 카드를 활용해 '순간 포착 퀴즈'와 동일한 방법으로 놀이합니다.
- 아이가 어려워하면 스케치북에 글자를 크게 써서 제시하고, 잘 맞히면 글자 크기를 줄입니다. 단어를 1~2초 정도 짧게 보여 주고 어려워하면 짧게 여러 번(2~3회) 반복해서 보여 주거나, 보여 준 상태에서 스케치북을 위, 아래, 양옆으로 움직여 시각적으로 추적하게 유도할 수 있습니다.

보호자 가이드 아이가 빨리 읽는 것을 어려워할 수 있습니다. 아이 수준에 맞춰 단계적으로 난이도를 조절해 주세요. 아이가 어려워하는 것을 해내면 꼭 멋지다고 격려해 주세요.

만6세
78~83
개월

나는 심부름 대장

언어 놀이

놀이 효과

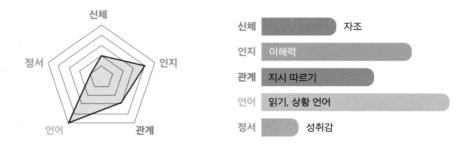

신체	자조
인지	이해력
관계	지시 따르기
언어	읽기, 상황 언어
정서	성취감

놀이 소개

'작업 기억'이란 정보를 일시적으로 저장하고 처리하는 인지적 작업 공간입니다. 작업 기억의 구성 요소 중 '음운 루프'는 언어적 정보를 저장하고 처리하는 인지 공간이에요. 이것은 아이의 어휘 발달과 전반적인 언어 능력에 영향을 주지요. '나는 심부름 대장'은 청각적 주의 집중력과 음운 작업 기억 능력, 언어적 지시 따르기 등의 향상에 도움을 주는 놀이랍니다.

준비물

화이트보드 또는 스케치북, 보드 마커 또는 색연필

놀이 목표

청각적 주의 집중력과 음운 작업 기억 능력을 향상시킬 수 있어요.

☺ 놀이 방법

1 아이에게 심부름 미션을 해 볼 것이라고 설명합니다.

2 화이트보드나 스케치북에 오늘 할 심부름을 간단하게 적습니다.

3 처음에는 심부름 목록을 1~2개 정도 적은 후 아이가 직접 읽고 수행하게 합니다. 예를 들어 '① 신발을 정리한다. ② 양말은 빨래 통에 넣는다.'라고 적힌 내용을 읽고 직접 해 보도록 합니다. 아이가 글자 읽는 것을 어려워한다면, 보호자가 읽어 줘도 좋습니다.

4 아이가 놀이에 익숙해지면, 심부름 목록을 3~4개 정도로 늘립니다.

1. 신발을 정리한다.

2. 양말은 빨래 통에 넣는다.

☺ TIP

• 만 6세 관계 놀이인 '주문할게요'와 연계할 수 있습니다.

• 아이가 읽기를 어려워하면 처음 몇 번은 읽어 주고, 아이가 읽을 수 있는 글자만 색을 다르게 한 뒤 그 글자만 읽게 합니다. 만일 아이가 읽기보다 수행하기를 어려워하면, 익숙해질 때까지 옆에서 힌트를 주면서 아이가 끝까지 수행해 보게 합니다.

• 아이가 활동에 익숙해지면, 다양한 미션을 적어 봅니다. 아이의 안전을 고려해 주문이나 장보기 등의 심부름과도 연계 가능합니다.

보호자 가이드 미션을 수행하는 아이를 보면 답답할 수 있어요. 잔소리하고 싶더라도 일단 아이를 지켜보며 기다려 주세요. 아이가 수행을 마치면 "끝까지 열심히 해 주었네.", "○○이 잘한다."처럼 칭찬해 주세요. 주저하는 아이 중에는 실패가 두려워서 할 수 있는 것만 하려는 아이가 있습니다. 완벽주의 성향 때문이거나 실패를 창피하게 느껴서일 수 있지요. 이것 역시 일종의 불안입니다. 이때 보호자가 과하게 칭찬하면, 다음에 그만큼 못할까 봐 아예 안 하려고 할 수 있어요. 그렇지만 칭찬을 너무 안 하면 더 하지 않으려고 할 거예요. 그러므로 칭찬해야 할 상황에서는 가볍게 "열심히 하면 꽤 잘하네." 정도로 칭찬해 주세요.

만6세 이야기 나무 만들기

78~83 개월

언어 놀이

놀이 효과

신체	자세 조절
인지	이해력
관계	갈등 해결
언어	읽기, 쓰기
정서	자기 감정 인식

놀이 소개

'이야기 문법'이란 이야기를 이루는 뼈대입니다. 배경, 등장인물, 등장인물의 문제와 해결 시도, 등장인물의 내적 반응, 결과 등으로 구성되지요. 이것은 이야기 구조를 핵심적으로 간추렸기 때문에 이야기를 이해하고 기억하는 데 도움을 줍니다. 이야기 문법 요소의 발달은 기타 언어 발달과 문해 능력, 나아가 학업 성취에도 영향을 주는 중요한 요인이에요. '이야기 나무 만들기'는 아이의 이야기 문법 산출 능력을 검토해 볼 수 있는 놀이입니다. 이 놀이는 언어와 학습 발달에 도움을 준답니다.

준비물

나무 열매 그림 또는 빈 나무 그림이 있는 활동지, 책, 필기구, 풀

놀이 목표

이야기 문법을 활용해 효과적으로 이야기를 이해하고 전달할 수 있어요.

∵ 놀이 방법

1 나무 열매 그림이나 빈 나무 그림이 있는 활동지를 준비합니다.

2 아이가 좋아하는 책을 가지고 오거나 함께 책을 고릅니다. 아이가 책을 읽는 것을 좋아하면 스스로 읽게 하고, 보호자와 아이가 한 페이지씩 번갈아 가면서 읽어도 좋습니다. 아이가 책을 읽는 것을 싫어하면 보호자가 읽어 줍니다.

3 활동지 속 열매 그림에 아래 질문을 적어 주거나 묻고 아이가 대답해 보게 합니다.
- 배경과 관련된 질문: "이 이야기가 언제 일어났어?", "어디서 일어났지?", "누구의 이야기야?" 등
- 사건과 관련된 질문: "등장인물(주인공)한테 무슨 일이 일어났어?" 등
- 내적 반응과 관련된 질문: "주인공은 어떤 생각을 했지?", "마음은 어땠어?", "너라면 어떤 마음일까?" 등
- 시도와 관련된 질문: "그래서 주인공이 문제를 어떻게 해결하려고 했지?", "주인공이 어떻게 했지?" 등
- 결과와 관련된 질문: "그래서 주인공은 어떻게 됐어?" 등

4 아이의 대답을 쓴 열매를 나무에 붙이거나 열매 그림에 답을 채운 후 칭찬해 줍니다.

∵ TIP

- 힘이 넘치고 활동성이 강한 아이는 앉아서 하는 활동이나 책 읽기가 힘들 수도 있습니다. 처음부터 글자가 작거나 많은 책보다는, 글자가 크더라도 아이가 좋아하는 책부터 시작합니다.

- 아이가 묻고 답하는 활동을 좋아하면, 책을 읽고 난 후 너라면 어떻게 할 것인지, 너였다면 마음이 어땠을지 묻거나 새로운 이야기를 창작해 보는 것도 좋습니다. 단, 아이가 즐겁게 상상할 수 있도록 제지하지 말고 지지해 줍니다.

보호자 가이드 아이가 좋아하는 책부터 시작해 주시고, 가능하다면 아이 스스로 읽어 볼 수 있게 해 주세요. 단, 읽기를 지도할 때는 "끝까지 좀 읽자."와 같은 말은 조심해 주세요. 아이가 이 말을 들으면 금세 "우와, 지겨워."라고 말할 수 있기 때문이지요. 그래서 어떨 때는 아이가 책을 거부하기도 합니다. 이럴 경우에는 아이에게 "책을 봐야 훌륭한 사람이 되는 거야."라고 말하기보다는 책을 왜 읽기 싫은지 물어봐 주세요. 지금 보기 싫은 것이라면 나중에 같이 읽자고 하고, 책 읽기 자체에 흥미가 없는 것이라면 보호자가 책을 읽어 주면서 시작해도 됩니다. 이때 내용을 하나하나 읽기보다는 짧게 요약해서 재미있게 읽어 주세요. 다 읽은 뒤에는 "이야기를 잘 들어 주었구나."와 같이 칭찬해 주세요. 처음에는 보호자가 다 읽지만, 나중에는 한 장씩 번갈아 읽거나 아이 스스로 읽게 할 수 있습니다.

만6세
78~83
개월

아아! 여기는
우리 집 방송국!

언어 놀이

놀이 효과

신체	운동 계획
인지	이해력
관계	지시 따르기
언어	읽기, 상황 언어
정서	성취감

놀이 소개

이 시기의 아이들은 문자에 노출되면서 '읽기 사회화' 단계를 거치게 돼요. '읽기 사회화'란 인쇄물을 접하면서 인쇄물에 대한 개념을 형성하고, 글자 읽을 준비를 하는 것을 말합니다. 우리나라에서는 초등학교 1학년이 되기 전 1~2년의 읽기 학습 기간이 있어요. 이때의 활자 인식과 음운 인식 발달 정도는 학령기 읽기에 결정적인 영향을 미치지요. '아아! 여기는 우리 집 방송국!'은 언어를 상황에 맞게 사용하는 화용 기술과 읽기 능력에 도움을 주는 놀이랍니다.

준비물

뉴스 원고, 날씨 원고, 지도, 인터뷰용 질문지, 상자, 장난감 마이크

놀이 목표

화용 기술과 읽기 능력을 향상시킬 수 있어요.

😊 놀이 방법

1 아이와 함께 방송국에서 일하는 여러 직업에 관해 이야기를 나눕니다. 직업에 대해 잘 이해할 수 있도록 함께 뉴스 등을 시청합니다.

2 아이에게 아나운서, 기상 캐스터, 기자 중 하나를 선택하게 합니다. 아나운서를 선택했다면 진짜 뉴스처럼 원고를 준비해서 아이가 읽고, 보호자는 휴대폰으로 영상을 찍습니다. 가족과 관련된 뉴스나 아이가 전하고픈 뉴스를 함께 만들어 봅니다. 영상을 보고 어땠는지 이야기를 나눕니다.

3 기상 캐스터를 선택했다면 오늘의 날씨, 미세 먼지, 한파 주의보, 폭염 주의보 등과 관련된 원고를 준비해서 아이가 읽고, 보호자는 휴대폰으로 영상을 찍습니다. 지도를 미리 준비해도 좋습니다.

4 기자를 선택했다면 인터뷰용 질문지를 만들어 상자에 넣고 랜덤으로 뽑습니다. 상대방을 인터뷰하듯이 질문을 던지고 대답을 들어 봅니다.

😊 TIP

- 만 5세 언어 놀이인 '나는 스포츠 캐스터'와 연계할 수 있습니다.
- "오늘의 뉴스입니다. 집에 멧돼지가 나타났습니다.", "오늘의 날씨입니다. 미세 먼지가 최악입니다."처럼 아이가 익살스럽게 지은, 한두 개의 짧은 문장으로 시작합니다. 점차 긴 원고를 읽어 보게 합니다.
- 아이가 영상에 찍히는 것을 쑥스러워하면, 처음에는 보호자를 찍어 보게 하거나 촬영 없이 읽게 합니다. 아이가 카메라 앞에서 원고를 읽었다면, 영상을 함께 보면서 아이를 칭찬해 줍니다. 아이의 영상과 보호자의 영상을 비교하면서 이야기를 나누어도 좋습니다.

보호자 가이드 아이에게는 원고를 읽는 것이 어려울 수 있고, 카메라 앞에 서는 것이 어색할 수 있습니다. 이때 아이가 잘 마무리할 수 있게 격려하면서 "끝까지 해내는구나. 멋지다!", "이야, 마지막까지 잘했어!"처럼 구체적으로 칭찬해 주세요.

만6세 나를 알려 드려요!
78~83 개월

정서 놀이

놀이 효과

신체	도구 조작
인지	시지각
관계	친밀감
언어	말하기
정서	자아 존중, 주도성

놀이 소개

이 시기의 아이들은 "나는 키가 커.", "나는 머리가 길어."처럼 신체적 특징을 기반으로 한 자아 개념에서 벗어나, 타인의 평가적 태도에도 영향을 받아요. '나를 알려 드려요!'는 타인의 관점보다 나 자신에 대해 어떤 인식을 가지고 있는지 점검할 수 있는 놀이입니다. 아이는 이 놀이를 통해 긍정적인 자아 개념을 형성할 수 있답니다.

준비물

물건의 특징을 소개하는 홍보물, 안 보는 책 또는 잡지, 도화지, 가위, 풀, 색연필, 사인펜

놀이 목표

자신을 소개해 보는 경험을 통해 긍정적인 자아 개념을 형성할 수 있어요.

☺ 놀이 방법

1 아이에게 물건의 특징을 소개하는 홍보물을 보여 주고, 물건의 특징을 소개하는 내용이 있다는 것에 관해 이야기를 나눕니다.

2 아이에게 '나'를 소개하는 홍보물을 만들어 보자고 제안합니다. '나'를 소개하는 내용에 어떤 것이 들어가면 좋을지 생각해 보도록 합니다.

3 내가 좋아하는 놀이, 색깔, 옷, 음식 등과 더불어 내가 기분이 좋을 때나 속상할 때, 내가 잘하는 것 등을 생각해 봅니다. 안 보는 책이나 잡지 등을 오려서 콜라주 작업을 해도 좋고, 직접 그림을 그려서 표현할 수도 있습니다.

4 보호자와 아이가 각각 자신이 만든 홍보물을 서로 보여 주며, 자신을 소개해 봅니다.

☺ TIP

- '나의 뇌 구조(내 머릿속을 차지하는 생각의 우선순위)'를 표현하는 놀이도 추천합니다.

보호자 가이드 아이가 자신을 표현하기 어려워하면, 보호자가 먼저 홍보물을 만들어서 보여 줘도 좋아요. 아이의 생각에는 정답이 없기 때문에 편안하게 표현해 보도록 도와주세요. 아이가 홍보물을 완성해서 자신을 소개하면, "○○이를 더 잘 이해할 수 있게 되었어."라고 지지해 주세요.

만6세 78~83 개월 기분 시간표

정서 놀이

놀이 효과

신체	눈-손 협응
인지	기억력
관계	친밀감
언어	말하기
정서	감정 조절, 공감

놀이 소개

이 시기의 아이들은 정서 발달 과정에서 감정이 일정하게 유지되는 것이 아니라 상황과 사건에 따라 변한다는 것을 이해해요. 아이는 '기분 시간표'를 통해 하루 일과 속에서 자신의 감정 변화를 바라보고, 감정을 조절하고 표현하는 연습을 할 수 있답니다.

준비물

종이, 필기구, 감정 스티커

놀이 목표

감정이 변화하는 것을 이해할 수 있어요.

☺ 놀이 방법

1 아이와 오늘 일과에 관해 이야기를 나눕니다.

2 보호자와 아이가 각각 오늘 일과 중 10가지를 시간 순서에 따라 적어 봅니다.

3 시간 순서에 따라 적은 일과에 감정 스티커를 붙여 봅니다. 그 감정의 양이 얼마나 되는지 1~10
사이의 숫자를 적어 봅니다.

4 아이와 함께 하루 동안의 마음과 생각에 관해 이야기를 나눕니다. 힘들었던 순간에 대해서는 서로
위로하고 공감하는 말을 나누어 봅니다.

☺ TIP

• 만 6세 정서 놀이인 '나는 10만큼 화가 났어'의 감정 온도계
를 접목해 활용할 수 있습니다.

• 하루의 기분을 정리하는 과정에 익숙해지면, 저녁마다 가족
이 모여 하루 동안 자신이 느낀 감정들을 이야기해 봅니다.
서로 응원해 주고 함께 즐거움을 표현하는 시간이 될 것입
니다.

보호자 가이드 평소처럼 아이가 경험한 감
정에 대해 해결 방안을 제시하거나 문제점
을 지적해 주기보다는 그때 그런 상황이 있
었음을 이해해 주고 아이가 느꼈을 감정에
공감해 주세요.

만6세
78~83 개월

내가 상상한 명화 속 주인공

정서 놀이

놀이 효과

신체 | 눈-손 협응
인지 | 주의력
관계 | 조망 수용
언어 | 말하기
정서 | 공감, 주도성

놀이 소개

이 시기의 아이들은 애니메이션과 동화책 등을 통해서 감정을 경험하고 표현하는 경우가 많아요. '내가 상상한 명화 속 주인공'은 명화를 이용해서 감정을 느끼고, 다양한 감정 표현을 할 수 있도록 돕는 놀이랍니다.

준비물

명화를 볼 수 있는 기기 또는 카드, 감정 표정 그림(85쪽 참조), 종이, 색연필

놀이 목표

자신의 감정을 다양한 어휘를 사용해 표현할 수 있어요.

:) 놀이 방법

1 아이와 함께 다양한 명화를 찾아봅니다.

2 명화를 본 후 처음 느껴지는 감정을 감정 표정 그림(85쪽 참조)에서 찾아보고, 그 이유에 관해
이야기를 나누어 봅니다. 아이에게 이 명화가 어떻게 그려졌는지 잘 모르니 우리가 추측해 보자고
제안합니다. 명화에 관해 육하원칙에 따라 질문하며 이야기를 나눕니다.
"이 명화의 주인공은 누구인 것 같아?", "이 명화 속 시간은 언제인 것 같아?", "이 주인공은 지금
어디에 있는 것 같아?", "이 주인공은 지금 무엇을 하고 있을까?", "이 주인공은 어떻게 하고 있어?",
"왜 하고 있을까?"

3 만약 아이가 명화 속 주인공이라면 이 그림에서 바꿔 보고 싶은 것은 무엇인지, 그 이유는 무엇인지
이야기를 나누어 봅니다.

4 아이가 말한 내용을 바탕으로 주인공의 이야기를 바꾸어
보고, 그림으로 표현해 보도록 합니다. 아이가 완성한
그림을 보고 느껴지는 감정을 감정 표정 그림에서
선택해 처음 명화를 보았을 때와 감정의 변화가
있는지 확인합니다. 감정의 변화가 있었다면
왜 바뀌었는지 이야기를 나누어 봅니다.

:) TIP

• 아이에게 명화 제목을 새롭게 지어 보게 함으
로써 생각을 정리해 보는 시간을 줍니다. 명화
의 다음 장면을 상상해 그림으로 표현해 보는
것도 후속 활동으로 좋습니다.

보호자 가이드 '명화'라고 하면 어렵다고 생각할 수 있지만, 아
이가 정답이 없는 다양한 감정을 표현해 볼 기회이기도 합니
다. 아이가 자신의 감정을 편안하게 표현할 때 그것이 곧 정답
이라는 인식을 가지도록 도와주세요. 아이가 이야기하는 것을
어려워하면, 보호자의 생각을 들려주면서 아이가 자신의 생각
과 감정을 편안하게 표현하도록 지지해 주세요.

만6세 78~83 개월

내가 만드는 하루

정서 놀이

놀이 효과

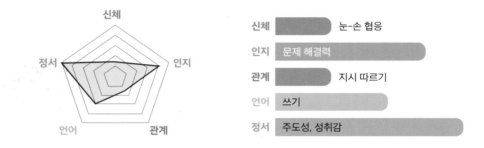

신체	눈-손 협응
인지	문제 해결력
관계	지시 따르기
언어	쓰기
정서	주도성, 성취감

놀이 소개

이 시기 아이들의 정서가 발달하는 데 중요한 요인 중 하나가 바로 '자아 존중감'입니다. 나를 이해하면 나를 소중히 여기게 되고, 이를 기초로 나와 타인의 차이를 인정하는 단계로 넘어갈 수 있지요. 또 스스로 할 수 있는 일을 수행해 보고, 하고 싶은 일에 대한 계획을 세워 봄으로써 나를 존중하는 방향으로 발달할 수 있어요. '내가 만드는 하루'는 일과를 계획하고 수행해 보면서 성취감과 조절 능력을 키울 수 있는 놀이입니다. 아이는 이 놀이를 통해 자신을 더욱 가치 있게 생각해서 긍정적인 정서 발달에 도움이 된답니다.

준비물

종이, 필기구

놀이 목표

스스로 결정하고 책임을 수행하는 과정을 경험할 수 있어요.

224

😊 놀이 방법

1 아이에게 가장 중요하거나 꼭 하고 싶은 일이 무엇인지 적게 합니다.

2 놀이터 가기, 아이스크림 먹기, 줄넘기하기 등 하원이나 하교 후에 하고 싶은 활동 중에서 실제로 할 수 있는 일들을 골라 보고, 구체적으로 계획을 세워 봅니다.

3 재미있는 일도 좋지만 학습지 3장 풀기, 숙제하기 등 꼭 해야 하는 일과 함께 자기 전에 책 한 권 읽기, 자전거 10분 타기 등 도움이 되는 활동 한 가지를 꼭 넣어 나만의 일과표를 짜 봅니다.

4 아이에게 스스로 결정한 일과를 최선을 다해 지켜 보자고 말합니다. 이후 드는 마음에 관해 이야기를 나누어 봅니다.

😊 **TIP**

• 보호자도 아이와 함께 일과표를 작성해 보고, 보호자의 일과도 아이와 공유해 봅니다.

보호자 가이드 아이가 주도권을 가지고 결정해 보고, 책임을 다하는 과정을 격려해 주세요. 수행하기 어려운 부분에 대해서는 아직 어려울 수 있다는 점을 인정하고, 아이 스스로 수정해 볼 기회를 주는 등 상호 작용을 해 주세요.

우리의 감정 이야기

정서 놀이

😊 놀이 효과

신체	눈-손 협응
인지	이해력
관계	지시 따르기
언어	상황 언어
정서	감정 어휘, 자기 감정 인식

😊 놀이 소개

이 시기의 아이들은 감정에 대한 다양한 어휘를 이해하게 됩니다. 다양한 감정 어휘를 이해하면, 적절히 감정을 표현하는 데 도움이 되지요. '우리의 감정 이야기'는 감정에 대한 다양한 어휘를 알아보고, 자연스럽게 표현하는 기회를 주는 놀이랍니다.

😊 준비물

다양한 표정의 사람들이 있는 사진 또는 그림,
감정 표정 그림(85쪽 참조)

😊 놀이 목표

감정을 나타내는 다양한 언어적 표현을 이해할 수 있어요.

☺ 놀이 방법

1 인터넷, 그림책, 잡지 등을 통해 사람들의 다양한 표정을 살펴보고, 어떤 상황일 것 같은지 말해
봅니다. 그 상황에서 느끼는 감정은 무엇일지 감정 표정 그림(85쪽 참조)을 보며 이야기를 나눕니다.

2 보호자와 아이가 일상에서 경험하는 상황을 번갈아 가며 한 가지씩 질문하고, 그때는 어떤 마음인지
물어봅니다. 그 상황에서 느끼는 각자의 감정을 감정 표정 그림에서 골라 대답해 봅니다.
- 집에 와서 숙제를 끝내고 텔레비전을 볼 때 마음이 어때?
- 생일이 다가오면 마음이 어때?
- 게임에서 이기면 어떤 감정이 들어?
- 친구가 도와주면 어떤 감정이 들까?
- 친한 친구가 다른 친구하고만 놀면
  어떤 감정이 들어?
- 잘하고 싶은데 잘 안 되면 어떤
  마음이 들어?

3 감정은 일상에서 경험하는
자연스러운 것이며, 느끼는
마음에 따라 다양하게 표현할
수 있다는 것에 관해 이야기를
나눕니다.

☺ **TIP**

• 아이가 감정에 대한 용어를 어려워할 수 있습
니다. 그럴 경우에는 '기쁨, 즐거움', '슬픔, 걱
정, 두려움', '미움, 화', '기타'처럼 크게 4개 항
목을 제시하고, 비슷한 표현에는 무엇이 있는
지 감정 표정 그림에서 찾아본 후 시작해도 좋
습니다.

보호자 가이드 감정 어휘를 많이 안다고 해서 정서 능력이 좋
은 것은 아니에요. 다만 다양한 감정 어휘를 이해하면, 감정을
언어적으로 표현할 수 있는 기회가 많아집니다. 나아가 세련되
게 자신의 생각을 표현할 수도 있게 되지요. 아이가 속으로만
생각하고 있다면 감정이 억제된 상황이에요. 그래서 언젠가 행
동화하거나 조절되지 못한 채 분출됩니다. 하지만 감정 어휘를
다양하게 표현하면, 감정이 억눌림 없이 표현된 것이므로 정서
조절에 도움이 돼요.

오은영의 모두가 행복해지는 놀이

어떻게 놀아줘야 할까 ❷

초판 1쇄 발행일 | 2024년 12월 25일

지은이 | 오은영 · 오은라이프사이언스 연구진(김경은 · 안혜원 · 위지희 · 이소정 · 이지연 · 최수빈 · 황경진)
그린이 | 전진희

발행인 | 유정환
제작총괄 및 마케팅 | 신효순
편집 | 안주영 · 오세림
디자인 | 공간디자인 이용석

발행처 | 오은라이프사이언스㈜
등록 | 2022년 11월 14일(제2022-000340호)
주소 | 서울시 강남구 선릉로 660, 207호(삼성동, 브라운스톤레전드)
전화 | 070-4354-0203
저작권자 | ©오은영, 오은라이프사이언스㈜

ISBN 979-11-92255-39-2 (13590)

값은 뒤표지에 있습니다.